农民工安全生产指南

（第三版）

就业技能培训教材 ▎人力资源社会保障部职业培训规划教材
人力资源社会保障部教材办公室评审通过

朱劼　编著

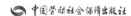
中国劳动社会保障出版社

图书在版编目（CIP）数据

农民工安全生产指南 / 朱劼编著 . -- 3 版 . -- 北京：中国劳动社会保障出版社，2019

ISBN 978-7-5167-3791-0

Ⅰ. ①农… Ⅱ. ①朱… Ⅲ. ①民工-安全生产-指南

Ⅳ. ①X925-62

中国版本图书馆 CIP 数据核字（2019）第 020342 号

中国劳动社会保障出版社出版发行

（北京市惠新东街 1 号　邮政编码：100029）

*

中国标准出版社秦皇岛印刷厂印刷装订　　新华书店经销

787 毫米 × 1092 毫米　48 开本　3.125 印张　54 千字

2019 年 3 月第 3 版　　2019 年 8 月第 2 次印刷

定价：**7.00 元**

读者服务部电话：（010）64929211/84209101/64921644

营销中心电话：（010）64962347

出版社网址：http://www.class.com.cn

前　言

　　"关爱生命，关注安全"。习近平总书记多次指出：人命关天，发展决不能以牺牲人的生命为代价。这必须作为一条不可逾越的红线。生命对于每个人只有一次，失去生命就等于失去了一切，因此，每个人都应该珍爱生命，注重安全。

　　当你不辞辛劳，告别亲人，远离家乡，来到工厂、工地务工时，你不仅仅需要一份满意的收入，更需要安全与健康。特别是在你进入工作岗位以后，就要和各种机器、设备、工具、原材料打交道，在生产劳动的过程中，可能存在各种意想不到的危险，如果不注意安全或不懂得正确的操作方法，就可能引发工伤事故，造成人员伤亡、伤害或职业病。统计资料表明，农民工已经成为各类安全生产事故高发的主要群体。在危险化学品生产、矿山开采和建筑施工等高危行业发生的死亡事故中，农民工所占比例更高达 80% 以上。

一起伤亡事故会给一个人、一个家庭带来巨大的痛苦和无法挽回的损失。希望本书介绍的知识能够帮助广大农民工朋友提高安全技能和安全意识，远离事故和伤害，实现"我懂安全、我会安全、我能安全"的目标，拥有平安和幸福。

目　录

目录

一、基础知识篇

1. "生命至上，安全第一"

作为进城务工人员，学习安全生产知识是非常重要的。"安全"是指没有危险、危害和损失的状态。"安全生产"是指在生产过程中，不发生人身伤亡、职业病，没有设备设施损坏、环境破坏或财产损失。我们国家高度重视职工在生产过程中的安全和健康，在 2014 年修订的《中华人民共和国安全生产法》中，确立了"以人为本，坚持安全发展，坚持安全第一、预防为主、综合治理"的安全生产方针。"以人为本"最基本的要求就是关爱人的生命，珍惜人的健康。一旦进入工作场所，就需要和各种机器、设备、工具和原材料打交道，这其中存在着各种意想不到的风险，如果没有极强的安全意识，不掌握正确的操作方法，缺乏必要的安全技

安全第一

劳动者享有安全生产权利

能，就可能引发事故，给自己或他人造成伤害，带来无法挽回的损失。我们必须时时刻刻、分分秒秒都把"安全"装在心中，时刻绷紧安全生产这根弦。一是要做安全生产的明白人。真正从思想上重视安全，"安全是家庭幸福的保证，事故是人生悲剧的祸根"，没有安全，一切归零。二是要做安全生产的有心人。自觉加强安全知识和技能的学习，提高应急自救能力。学会发现和查找安全隐患和危险，注意防范有可能给自己造成职业病的有毒有害因素，将事故和伤害消灭在萌芽状态，坚持"不安全，不生产"，遵守安全规程，做好自我保护。

2. 事故的发生原因

事故是指在生产过程中，造成人员死亡、伤害、职业病、财产损失或其他损失的意外事件。导致事故发生的原因主要分为四类：一是人的不安全行为，是指可能造成事故的人为错误。二是物的不安全状态，这里的"物"是指生产经营过程中的产品、原料、中间体及设备、厂房、水电、工具、设施、防护用品或装置、施工现场等。三是环境的不安全因素，是指工作场所和周围环境存在可能造成事故的危险和隐患，如粉尘超标、作业空间狭窄、恶劣天气影响等。四是安全管理上的缺陷，是指企业缺乏健全完善的安全生产管理规章制度和安全操作规程。

这些可能导致事故发生的原因和状态

就是事故隐患。为确保安全生产，必须学会发现和避免物的"不安全状态"出现，杜绝人的"不安全行为"产生，减少或消除环境的不安全因素，研究和查找安全管理上的缺陷，全面消除隐患，避免事故发生。

3.事故分类

我国在工伤事故统计中，通常将事故分为20种，分别是物体打击事故、车辆伤害事故、机械伤害事故、起重伤害事故、触电事故、淹溺事故、灼烫事故、火灾事故、高处坠落事故、坍塌事故、冒顶片帮事故、透水事故、放炮事故、瓦斯爆炸事故、火药爆炸事故、锅炉爆炸事故、容器爆炸事故、其他爆炸事故、中毒和窒息事故、其他伤害事故。

其中，冒顶片帮事故是指矿井、隧道、涵洞开挖、衬砌过程中顶部或侧壁大面积垮塌造成伤害的事故，矿井作业面、巷道侧壁应压力变形、破坏而脱落的现象称为片帮，顶部垮落称为冒顶，二者常同时发生，统称为冒顶片帮。透水事故，又称突水，是指采掘工作面与矿山地表水或地下水沟通时突然发生大量涌水，淹没井巷的事故。放炮事故，指在采石、采矿、开山、修路、隧道施工、拆除建筑物等工程时进行放炮作业引起的伤亡事故。

4. 杜绝人的"不安全行为"

据统计，有 70% 以上的事故都是由于人的"不安全行为"造成的，主要包括：

（1）安全意识淡薄，忽视安全，忽视警告。如忽视警告标志、警告信号，违章拆除安全装置，人为造成安全装置失效；未经许可开动、关停和移动机器设备，开关、关停机器设备时未按操作规程发出信号；开关未锁紧，造成意外转动、通电或泄漏；忘记关闭机器设备；使用无安全装置的设备和不牢固的设施；以手工代替工具操作，不用夹具固定、用手拿工件进行机加工；生产作业过程中奔跑，供料或送料速度过快，机械超速运转；冒险进入危险场所；酒后作业，疲劳或生病后不顾身体承受能力作业。

（2）违章操作或操作错误。如操作错误（如按钮、阀门、手柄等操作）；违章动火；违章驾驶机动车，客货混载；工件紧固不牢；机器运转时进行加油、修理、检查、调整、焊接、清扫等作业；对易燃、易爆等危险物品处理不当或处理错误等。

（3）工作中不佩戴或不正确佩戴防护用品，使用不合格、不适用的防护用品，穿戴不安全装束。如不按规定佩戴安全帽、护目镜或面罩、防护手套，未系安全绳；在有旋转部件的设备旁边作业穿过肥、过大服装，操作车床等机床时戴手套、穿高跟鞋；操纵带有旋转零部件的设备时戴手套等。

（4）冒险进入危险场所。如违规进入易燃易爆场所作业；没有安全防护、未经允许进入受限空间作业；地下矿山未"敲

帮问顶"便开始作业；身处不安全位置
（如平台护栏、汽车挡板、起吊物下）作
业、停留等。

5. 识别物的"不安全状态"

物的不安全状态主要包括：

（1）没有安全防护、保险、信号等装
置。如无防护罩，无安全带，无安全保险
装置；无报警信号装置；无安全标志；无
护栏或护栏损坏；（电气）未接地；（电
气）绝缘不良，未安装漏电保护装置；局
部通风机无消音系统或噪声大；未安装防
止"跑车"的挡车器、挡车栏；井底、井
口到绞车房信号不联锁；无过卷过放保护
或过卷过放保护不起作用；无防坠器或防
坠器失效；绞车无过速保护；绞车无自动
减速装置；绞车无松绳保护；输送带无断
带保护；输送带无防滑保护等。

（2）防护装置有缺陷。如防护罩未在
适当位置；防护装置调整不当；防护栏
低；保险装置不牢固；安全带不结实；安

全信号装置与其他信号容易混淆；变电所防火门方向开错；巷道掘进或隧道开凿支护强度不够；防爆装置与要求不符；爆破作业躲炮距离不够或隐蔽点有缺陷；电气装置带电部分裸露；自动挡车栏安全距离不够等。

（3）设备、设施、工具、附件设计不当或有缺陷，如井下变电所回风不能直接进入矿井回风系统；煤与瓦斯突出矿井在回风系统中设置有控制风流设施；防爆门不起作用；主要通风机与电机的振动频率一致，引起设备共振；安全间距不够；挡车网有欠缺等。强度不够，如机械强度不够，绝缘强度不够；单体液压支柱初撑力不够；绞车钢丝绳牵引力不够；起吊重物的绳索不合安全要求等。

（4）设备在非正常状态下运行。如主要通风机轴承温度超限运转；压风机风包在超温下长期运行；设备带"病"运转；设备超负荷运转；设备失修，保养不当；设备失灵；管道闸阀生锈拧不开；管道长期磨损未更换等。

（5）个人防护用品用具缺失或有缺陷，不符合安全要求。如企业不给工人发放防护用品、用具；变电所工人无绝缘胶鞋和绝缘手套；个人防护服、手套、安全带、安全帽、安全鞋、护目镜及面罩、呼吸器官护具、听力护具等有缺陷；井下防护服衣缝处未加装反光条；防护服袖口和下摆不是束口型；矿工胶靴未加钢板；口罩质量不符合防尘规定要求等。

6. 改进和消除环境的不安全因素

环境的不安全因素主要包括：工作场所没有安全通道，作业场所狭窄，工作岗位间隔距离不符合安全要求；场所照明光线不良，通风换气条件差，有噪声、粉尘、辐射等职业危害因素；危险物品储存方法不安全或储存环境温度、湿度不当；作业场所周边自然环境异常，存在风、雨、雷电、泥石流等自然灾害、风险。

7. 避免安全管理上的缺陷

安全管理上的缺陷主要包括：企业重生产轻安全，没有建立安全生产责任制，没有安全生产规章制度、操作规程；未按规定设置安全生产管理机构和配备安全管理人员；未开展风险辨识和隐患排查整治；未组织开展安全生产教育培训；未制定应急预案，缺少必要的安全演练。

8. 什么是"三违"行为

"三违"是指安全生产工作中的"违章指挥、违章作业、违反劳动纪律"现象，危害极大，往往成为酿成事故的祸根。

（1）违章指挥主要指企业主要负责人、管理人员和现场指挥人员重生产轻安全，或者是因为抢进度而放弃安全，违反安全生产方针、政策、法律、条例、规程和制度，不遵守安全生产规程、制度和安全技术措施，擅自变更安全工艺和操作程序；指挥者未经培训上岗，使用未经安全培训的劳动者或无专门资质认证的人员；指挥工人在安全防护设施或设备有缺陷、隐患未排除的条件下冒险作业；发现违章不制止等。

（2）违章作业主要指现场操作工人违反本岗位的安全规章和制度盲目蛮干，冒险作业的行为。最可怕的是企业中存在着大量的习惯性违章，违章的事干惯了、看惯了、习惯了，见怪不怪了，心存侥幸，觉得别人都这么干没出事，自己这样干也不要紧。如忽视安全、忽视警示和警告，操作失误；临时使用不牢固的设施，使用无安全装置的设备；将安全防护装置拆除或错误操作，造成安全防护装置失效；用手来代替工具操作，冒险进入危险场所，攀爬或进入不安全位置；不按规定正确佩戴和使用个人防护用具；穿戴不安全装束；工作不负责任，未经批准任意使用非本人操作的设备车辆等；不按规定及时清理作业场所，废料、垃圾不在规定地点倾倒，工件、工具等乱摆乱放，堵塞通道；

未学习培训到位，安全技能欠缺就仓促上岗等。

（3）违反劳动纪律主要指是员工不服从管理，不遵守劳动纪律特别是安全生产纪律；迟到、早退、溜岗、串岗、睡岗，工作时间嬉戏打闹，随意串岗聊天或从事与工作无关的事；工作时不全神贯注，麻痹大意，思想开小差；在禁烟区随意吸烟，乱扔烟头；不服从上级正确调度指挥，不遵守规章或操作规程；上班前饮酒，甚至在上班期间饮酒；自由散漫，思想不集中，消极怠工等。

9. 杜绝"三违"现象

农民工群体在大部分的事故中既是肇事者，又是受害者，其中最重要的原因之一就是"三违"。要从根本上杜绝"三违"现象，必须从人的心理、生理以及安全管理等多方面查找原因，提出对策。要纠正造成"三违"的种种不良心态。违章多了，必然造成事故；小事故不断，必然造成大事故，这是安全生产的规律，必须时刻保持清醒的头脑。要牢固树立反"三违"的忧患意识、责任意识，要认真参加安全技能培训，严格遵守和落实企业各项安全管理制度，提高自身的安全素质和安全技能。

10. 做到"四不伤害"

"四不伤害"是指在生产过程中不伤害自己，不伤害他人，不被他人伤害，保护他人不受伤害。

要做到"四不伤害"，就需要所有职工在生产过程中必须严格遵守安全操作规程和劳动纪律，坚决杜绝习惯性违章。血的教训一再告诉我们：习惯性违章是安全生产的大敌，农民工朋友一定要时刻绷紧安全生产这根弦，认真学习安全生产知识，养成遵章守纪的良好习惯，这是实现前三个"不伤害"的重要保证。而"保护他人不受伤害"，则更体现了人的责任心和关爱心。有时候，多发现一个风险点，多辨识一处危险源，多排查一处事故隐患，甚至多提醒一句话，多看一眼就可以挽救一个人的生命。

例如，某电厂一名运煤巡检员在输送带启动前，没有直接启动，而是按规程对设备进行再次检查，发现了正在原煤斗里擅自进行检修的两名工人，避免了一起恶性事故，挽救了两名工友的性命。这正是所谓的"一人把关一人安，众人把关稳如山"。

11. 了解安全生产权利

国家为保护劳动者安全生产权益，制定了《安全生产法》《劳动法》《职业病防治法》等法律法规。在《安全生产法》中，明确了员工主要享有 7 项安全生产权利。

（1）安全健康受保护权。生产经营单位与农民工朋友订立的劳动合同中，应当写明有关保障从业人员劳动安全、防止职业危害的事项，以及依法为从业人员办理工伤保险的事项。生产经营单位不得以任何形式与从业人员订立协议，免除或者减轻其对从业人员因生产安全事故伤亡依法应承担的责任。也就是说，企业要你签订的所谓生死合同，或出了事故伤害一概与企业无关的内容都是不合法的。生产经营单位要为你提供符合国家或者行业标准的工作环境、条件和劳动保护用品，保障劳动安全、防止职业危害。

（2）危险因素和应急措施知情权。你有权了解作业场所和工作岗位存在的危险因素、防范措施及事故应急措施。这是生产经营单位对你必须履行的告知义务，如果违反就是侵犯了你的合法权利，并应对由此产生的后果承担法律责任。

（3）建议、批评、检举和控告权。你有权对本单位的安全生产工作提出建议，对本单位安全生产工作中存在的问题提出批评、检举、控告。企业不得因为你对本单位安全生产工作提出了建议、批评、检举和控告就降低你的工资、福利等待遇或者解除与你订立的劳动合同。

（4）拒绝违章指挥和强令冒险作业权。你有权拒绝违章指挥和强令冒险作业，企业不得因此而对你进行打击报复。

（5）紧急避险权。当出现直接危及人身安全的紧急情况时，你有权停止作业或者在采取可能的应急措施后撤离作业场所。企业不能因此而降低你的工资、福利等待遇或者解除劳动合同。

（6）依法向本单位提出事故赔偿的权利。如果在生产安全事故中受到损害，除依法享有工伤保险外，还有权依照有关民事法律，向本单位提出赔偿要求。

（7）获得安全生产教育培训的权利。在你进入企业后，你有权要求企业对你进行以下教育培训：一是三级〔包括厂级，车间级，岗位（包括班组和工段）级〕安全教育培训；二是岗位安全操作技能培训；三是经常性的安全教育。从而，保证你具备必要的安全生产知识，熟悉有关的安全生产规章制度和安全操作规程，掌握本岗位的安全操作技能，了解事故应急处理措施，知悉自身在安全生产方面的权利和义务。如果是从事特种作业工种，还需要进行专门的特种作业安全培训。

12. 履行安全生产义务

农民工朋友在享有安全生产权利的同时，也必须履行相应的安全生产义务。

（1）遵章守法，服从管理的义务。在生产劳动过程中，应当严格遵守本单位的安全生产规章制度和操作规程，服从管理，杜绝违章。在企业生产规模越来越大，生产流程和工艺日益复杂的情况下，一个人违反劳动纪律，就很可能导致企业生产过程中许多环节出现非正常情况，会对自己和他人的安全和健康构成威胁。

（2）正确佩戴和使用劳动防护用品的义务。这是保障每个职工安全和健康的必要条件。如果从业人员不履行这项义务，因此而造成的人身伤害，生产经营单位不承担法律责任。

（3）自觉接受教育和培训，掌握安全生产知识，提高安全生产技能，增强事故预防和应急处理能力的义务。许多工伤事故告诉我们，缺乏安全生产知识，没有掌握安全生产技能，是发生工伤事故的重要原因，安全知识和技术与劳动者的安全和健康息息相关，只有不断地加强对安全知识的学习，努力提高安全操作技能，才能保障自身的安全、社会的安宁和家庭的幸福。因此，每位农民工朋友都应该认真地参加企业的安全教育和培训，注意积累工作中的安全经验，掌握更多的安全知识和必备的安全操作技能，以提高自我保护能力。

（4）发现危险隐患及时报告的义务。发现事故隐患或者其他不安全因素，应当立即向现场安全生产管理人员或者本单位负责人报告，接到报告的人员应当及时予以处理，这样就可以避免事故的发生或减少事故造成的损失。这就要求从业人员要具备高度的责任心和辨识危险、发现隐患的能力，从而预防事故的发生。

13. 劳务派遣工的安全生产权利和义务

当前，一些企业大量使用劳务派遣工，主要集中在建筑业、服务业、通信业、金融业、石油开采业、制造业等领域，其中农民工是劳务派遣工的主力军。有个别企业会歧视劳务派遣工，忽视对他们的安全保障和职业卫生保护。国家为了规范生产经营单位劳务派遣用工的安全生产管理，保障劳务派遣人员的安全，要求将劳务派遣人员纳入企业统一的安全生产管理，与其他从业人员享有同等的安全生产权利，履行同等的义务。

14. 了解未成年工的保护

年满 16 周岁、未满 18 周岁的劳动者统称为未成年工，由于他们身体发育尚未完全成熟，因此需要在劳动过程中给予特殊的保护。我国有关法律规定，任何单位不得安排未成年工从事特种作业；不得安排未成年工从事矿山井下、森林伐木、登高架设、繁重体力、野外作业、高原作业等；不得安排有易燃易爆、化学性烧伤和热烧伤等危险性大的作业，不得安排接触放射性物质的作业，不得安排工作中需要长时间保持低头、弯腰、上举、下蹲等强迫体位和动作频率每分钟大于 50 次的流水线作业，以及其他对未成年工的发育成长有影响的作业。单位应当及时对未成年工进行身体健康检查，具体包括，未成年工安排工作岗位之前，工作满 1 年，以及年满 18 周岁并距离前一次的体检时间已超过半年时，都要进行体检。任何单位（特殊行业除外）都不得招用未满 16 周岁的童工。文艺、体育和特种工艺单位招用未满 16 周岁的未成年人，必须依照国家有关规定，履行审批手续，并保障其接受义务教育的权利。

15. 女职工的"四期"保护

由于女性在其生理和心理上都与男性有许多差异，因而需要在劳动过程中给予特殊的保护。例如：禁止单位安排女职工从事矿山井下作业，体力劳动强度分级标准中规定的第四级体力劳动强度的作业，每小时负重 6 次以上、每次负重超过 25 公斤的作业等。特别是对女职工的"四期"也有相应的保护规定。"四期"是指月经期、怀孕期、产期和哺乳期。

（1）月经期的保护。在女职工月经期间，单位不得安排从事高处、低温、冷水作业和重体力劳动。由于月经是生理现象，一般不需要休假。但对患有重度痛经及月经过多的女工，经医疗或妇幼保健机构确诊后，月经期间可给予 1~2 天的休假。

（2）怀孕期的保护。女职工怀孕期间，单位不得安排从事重体力劳动和孕期禁忌的劳动以及有毒有害作业。在孕期不能适应原劳动的，用人单位应当根据医疗机构的证明，予以减轻劳动量或者安排其他能够适应的劳动。对怀孕 7 个月以上的女职工，用人单位不得延长劳动时间或者安排夜班劳动，并应当在劳动时间内安排一定的休息时间。产期检查应当算作劳动时间，工资照发；单位不得以怀孕为由开除女工或解除劳动合同。

（3）产期的保护。女职工生育享受98天产假，其中产前可以休假15天；难产的，增加产假15天；生育多胞胎的，每多生育一个婴儿，增加产假15天。女职工怀孕未满4个月流产的，享受15天产假；怀孕满4个月流产的，享受42天产假。女职工产假期间的生育津贴，对已经参加生育保险的，按照用人单位上年度职工月平均工资的标准由生育保险基金支付；对未参加生育保险的，按照女职工产假前工资的标准由用人单位支付。女职工生育或者流产的医疗费用，按照生育保险规定的项目和标准，对已经参加生育保险的，由生育保险基金支付；对未参加生育保险的，由用人单位支付。

（4）哺乳期的保护。女职工哺乳期间，单位不得安排其从事重体力劳动和禁忌的劳动以及有毒有害作业。为保证哺乳期喂养婴儿的乳汁安全，应将女职工暂时调离会接触可自乳汁排出的化学物质的作业（如接触到铅、苯、氯等有毒化学物质的作业）。哺乳期不得延长劳动时间或者安排夜班劳动；单位应当在每天的劳动时间内为哺乳期女职工安排1小时哺乳时间；女职工生育多胞胎的，每多哺乳1个婴儿每天增加1小时哺乳时间；哺乳时间算作劳动时间，不得扣发工资；单位不得以女职工哺乳为由解雇女职工。哺乳期可至婴儿年满1周岁。

16. 如何认定是工伤

工伤是指劳动者在从事职业活动或者与职业活动有关的活动时所遭受的不良因素的伤害和职业病伤害。

《工伤保险条例》规定以下7种情形可以认定为工伤：

（1）在工作时间和工作场所内，因工作原因受到事故伤害的。

（2）工作时间前后在工作场所内，从事与工作有关的预备性或者收尾性工作受到事故伤害的。

（3）在工作时间和工作场所内，因履行工作职责受到暴力等意外伤害的。

（4）患职业病的。

（5）因工外出期间，由于工作原因受到伤害或者发生事故下落不明的。

（6）在上下班途中，受到非本人主要责任的交通事故或者城市轨道交通、客运轮渡、火车事故伤害的。

（7）法律、行政法规规定应当认定为工伤的其他情形。

同时，《工伤保险条例》同时还规定了三种情形可视同工伤：一是在工作时间和工作岗位，突发疾病死亡或者在48小时之内经抢救无效死亡的；二是在抢险救灾等维护国家利益、公共利益活动中受到伤害的；三是职工原在军队服役，因战、因公负伤致残，已取得革命伤残军人证，到用人单位后旧伤复发的。

职工因工作遭受事故伤害或者患职业病进行治疗，享受工伤医疗待遇。但是有以下情形，不得认定为工伤或者视同工伤：一是故意犯罪的，二是醉酒或者吸毒的，三是自残或者自杀的。

17. 工伤分类

（1）工伤根据伤害原因可以划分为：物体打击；车辆伤害；机械伤害；起重伤害；触电；淹溺；灼烫；火灾；高处坠落；坍塌；冒顶片帮；透水；放炮；火药爆炸；瓦斯爆炸；锅炉爆炸；容器爆

炸；其他爆炸；中毒和窒息；其他伤害等20种。

（2）工伤按照损伤程度可以划分为轻伤事故、重伤事故和死亡事故三类。轻伤事故是指一般伤害不太严重，造成职工肢体伤残或某些器官功能性或器质性轻度损伤，表现为劳动能力轻度或暂时丧失的伤害。重伤是指使人肢体残废或者容貌毁损；丧失听觉、视觉或者其他器官功能；其他对于人身健康有重大伤害的损伤。我国制定了《劳动能力鉴定 职工工伤与职业病致残等级》（GB/T 16180）标准，这是判断工伤和职业病伤害程度的国家标准，也是申请工伤赔偿的核心依据。

（3）按照伤残程度劳动功能障碍可以划分为10个伤残等级，其中1级伤残等级最严重，10级伤残等级最轻。《劳动能力鉴定 职工工伤与职业病致残等级》对每个伤残等级都列出了定级原则和工伤条目。其中，劳动能力鉴定是指法定机构对劳动者在职业活动中因工负伤或患职业病后，根据国家工伤保险法规规定，在评定伤残等级时通过医学检查对劳动功能障碍程度（伤残程度）和生活自理障碍程度做出的技术性鉴定结论。

（4）职工在工伤医疗期间内治愈或者伤情处于相对稳定状态，或者医疗期满仍不能工作的，应当进行劳动能力鉴定，评定伤残等级并定期复查伤残状况。残情定级后发给证件。残情定级不实行"终身制"，工伤致残人员若要求进行鉴定，劳动鉴定部门应随时给予鉴定，残情若有变化，等级应作相应变更。

18. 如何申报工伤

申请工伤认定的流程主要有以下几个方面，具体情况可咨询当地的社会保险行政部门。

（1）职工发生事故伤害或者按照职业病防治法规定被诊断、鉴定为职业病，所在单位应当自事故伤害发生之日或者被诊断、鉴定为职业病之日起30日内，向统筹地区社会保险行政部门提出工伤认定申请。遇有特殊情况，经报社会保险行政部门同意，申请时限可以适当延长。用人单位未在规定的时限内提交工伤认定申请，在此期间发生符合规定的工伤待遇等有关费用由该用人单位负担。

（2）用人单位未按上述规定提出工伤认定申请的，工伤职工或者其近亲属、工会组织在事故伤害发生之日或者被诊断、鉴定为职业病之日起1年内，可以直接向用人单位所在地统筹地区社会保险行政部门提出工伤认定申请。

提出工伤认定申请应当提交下列材料：工伤认定申请表、与用人单位存在劳动关系（包括事实劳动关系）的证明材料、医疗诊断证明或者职业病诊断证明书（或者职业病诊断鉴定书）。

（3）社会保险行政部门受理工伤认定申请后，根据审核需要可以对事故伤害进行调查核实，认定工伤后应当评定伤残等级按照规定享受伤残待遇。用人单位、职工、工会组织、医疗机构以及有关部门应当予以协助。职业病诊断和诊断争议的鉴定，依照职业病防治法的有关规定执行。对依法取得职业病诊断证明书或者职业病诊断鉴定书的，社会保险行政部门不再进行调查核实。职工或者其近亲属认为是工伤，用人单位不认为是工伤的，由用人单位承担举证责任。

（4）社会保险行政部门应当自受理工伤认定申请之日起60日内作出工伤认定的决定，并书面通知申请工伤认定的职工或者其近亲属和该职工所在单位。

19. 了解工伤保险

工伤保险是为了保障因工作遭受事故伤害或者患职业病的职工获得医疗救治和经济补偿，促进工伤预防和职业康复，分散用人单位的工伤风险的一种社会保险制度。国家规定我国境内的企业、事业单位、社会团体、民办非企业单位、基金会、律师事务所、会计师事务所等组织和有雇工的个体工商户必须参加工伤保险，为本单位全部职工或者雇工缴纳工伤保险费。

在生产劳动过程中发生工伤事故，受到意外伤害或患职业病，可以按规定获得相应的工伤保险待遇。主要包括：

（1）治疗工伤的医疗费用和康复费用。

（2）住院伙食补助费。

（3）经医疗机构出具证明，报经办机构同意，到统筹地区以外就医的交通食宿费。

（4）安装配置伤残辅助器具所需费用。

（5）生活不能自理的，经劳动能力鉴定委员会确认的生活护理费。

（6）一次性伤残补助金和一级至四级伤残职工按月领取的伤残津贴；伤残等级为五级至十级且与用人单位解除了劳动关系的工伤职工，由工伤保险基金支付一次性工伤医疗补助金，由用人单位支付一次性伤残就业补助金。一次性工伤医疗补助金和一次性伤残补助金的具体标准由省自治区、直辖市人民政府规定。

（7）因工死亡的，其近亲属领取的丧葬补助金、供养亲属抚恤金和一次性工亡补助金。

（8）劳动能力鉴定费。

如果用人单位应当参加而未参加工伤保险的，在此期间职工发生工伤的，由该用人单位按照国家规定的工伤保险待遇项目和标准支付费用。同时，各地对工伤待遇的标准均有具体规定，必要时可向当地社会保险行政部门查询。

20. 如何进行工伤维权

工伤案件处理一般要经过 3 个环节：工伤认定、劳动能力鉴定和工伤保险待遇给付。农民工朋友在工伤维权中会面临耗时长、程序复杂、赔偿额低、单位不配合甚至推卸责任等困难。特别对于没有参保也没有签订劳动合同的农民工朋友而言，还需要增加一个环节，即确认劳动关系。这也提醒农民工朋友在工作前一定要签订劳动合同。国家为了维护职工关于工伤待遇的合法权利，规定职工所在用人单位未依法缴纳工伤保险费，发生工伤事故的，由用人单位支付工伤保险待遇。用人单位不支付的，从工伤保险基金中先行支付。这样就让工伤农民工的工伤保险待遇有了制度保障。工伤保险基金向工伤农民工支付工伤保险待遇后，再向用人单位追偿。为减少工伤认定的时间，《工伤保险条例》规定对事实清楚、权利义务明确的工伤认定申请，应当在15日内作出工伤认定决定。为了方便维权，还规定发生工伤争议的，有关单位或者个人可以依法申请行政复议，也可以依法向人民法院提起行政诉讼。同时，还提高了工伤保险待遇的标准。

21. 未签订劳动合同的如何进行工伤维权

虽然我国《劳动合同法》规定，建立劳动关系应当签订书面劳动合同。但在现实中，很多企业以种种借口不与劳动者签订合同。劳动者享受工伤保险待遇并不以签订劳动合同为前提。《工伤保险条例》规定各类企事业单位的职工和个体工商户的雇工，均有依照规定享受工伤保险待遇的权利，包括事实劳动关系。

可以认定双方存在劳动关系的凭证包括：工资支付凭证或记录（职工工资发放花名册）、缴纳各项社会保险费的记录；用人单位向劳动者发放的"工作证""服务证"等能够证明身份的证件；劳动者填写的用人单位招工招聘"登记表""报名表"等招用记录；考勤记录；其他劳动者的证言等。这是认定工伤或视同工伤的事实依据。做好以上准备工作后，再采取正确的途径与用工方进行工伤赔偿方面的协商。协商不成，及时通过法律途径维权，即提起劳动仲裁及诉讼。

22. 临时被领导安排加班而受伤可以享受工伤保险待遇

临时加班可视为从事单位负责人临时

指定的工作，农民工在本岗位劳动，或被领导指派到企业外从事与工作有关的活动，或虽不在本岗位劳动，但由于企业的设备和设施不安全、劳动条件和作业环境不良、管理不善，所发生的人身伤害和急性中毒事故，都可以享受工伤待遇。农民工朋友一旦在工作中出现工伤事故，应及时向当地有关部门报告和咨询，按规定争取和享受应有的工伤待遇，千万不要私了。

23. 上下班途中发生交通事故也是工伤

《工伤保险条例》规定，在上下班途中，受到非本人主要责任的交通事故或者城市轨道交通、客运轮渡、火车事故伤害的，应定为工伤。对于因交通事故引起的工伤赔偿，法律作出了具体的规定，即应当先按照《道路交通事故处理办法》及有关规定处理，若获赔偿较工伤赔偿低，则不足部分按工伤待遇补足；若交通肇事者逃跑，受伤者无法获得赔偿，应当按规定给予工伤保险待遇。因用人单位以外的第三人侵权造成劳动者人身损害，赔偿权利人可以请求第三人承担民事赔偿责任。这就说明在被认定为工伤的交通事故中，除按照《工伤保险条例》的规定享受工伤保险待遇，赔偿权利人还可以请求第三人承担民事赔偿责任。

 案例分析

下班后在单位浴室洗澡摔伤
能否认定为工伤

某木业公司员工张某因从事木业打磨的工作接触粉尘，下班后在公司浴室洗澡时摔伤，造成脚踝骨折。张某向区人社局申请认定工伤，并被依法支持。木业公司却认为黄先生不是在工作过程中受伤，且已下班不应认定为工伤，于是诉至区法院要求撤销工伤认定。法院经审理后认为，张某在原告木业公司从事打磨工作，工作

中必然接触粉尘。根据相关法律规定，劳动者有获得劳动安全卫生保护的权利，企业必须依法为从事高温、粉尘、油污等工作的劳动者提供符合国家规定的劳动卫生条件。同时，预备性或收尾性工作是指职工在上班前、下班后的一段合理的时间内，从事的搬运、清扫、清洗、准备、整理、维修或收拾工具和工具服等辅助性或延续性工作。洗澡行为是工作结束后一个必不可少的程序，是工作的有机组成部分。

因此，本案中职工在单位浴室洗澡所受到的意外伤害，属于工伤认定的 7 种情形之一的"从事与工作有关的预备性或者收尾性工作受到事故伤害"，应当认定为工伤。被告区人社局作出的被诉认定行为事实清楚、程序合法、适用法律正确。据此，区法院判决驳回原告木业公司的诉讼请求。

1. 认识安全色和安全线

进入工作现场，会有很多由图形符号、安全色、几何形状（边框）或文字构成的安全标志，是用以表达特定安全信息的标志。它以形象而醒目的信息语言向人们表达禁止、警告、指令、提示等安全信息。

（1）安全色包括红、蓝、黄、绿四种颜色。

红色表示禁止、停止、消防和危险的意思，用于禁止标志、停止信号以及禁止人们触动的部位。如禁止标志、交通禁令标志、消防设备、停止按钮和停车、刹车装置的操纵把手、仪表刻度盘上的极限位置刻度、机器转动部件的裸露部分、液化石油气槽车的条带及文字，危险信号旗等。

蓝色表示指令及必须遵守的规定。如

指令标志、交通指示标志等。

　　黄色表示警告、注意。如警告标志、交通警告标志、道路交通路面标志、皮带轮及其防护罩的内壁、砂轮机罩的内壁、楼梯的第一级和最后一级的踏步前沿、防护栏杆及警告信号旗等。

　　绿色表示提示、安全状态、通行。如表示通行、机器启动按钮、安全信号旗等。

　　能使安全色更加醒目的是对比色，它有黑白两种颜色。黄色安全色的对比色为黑色，红、蓝、绿安全色的对比色均为白色，且黑、白两色也互为对比色。黑色用于安全标志的文字、图形符号，警告标志的集合图形和公共信息标志。白色则作为安全标志中红、蓝、绿色安全色的背景色，也可用于安全标志的文字和图形符号及安全通道、交通的标线及铁路站台上的安全线等。红色与白色相间的条纹比单独使用红色更加醒目，表示禁止或提示消防设备、设施位置，禁止跨越等，用于公路交通等方面的防护栏及隔离墩。黄色与黑色相间的条纹比单独使用黄色更为醒目，表示要特别注意的危险位置，用于起重吊钩、剪板机压紧装置、冲床滑块等。蓝色与白色相间的条纹比单独使用蓝色醒目，表示指令，传递必须遵守规定的信息。绿色与白色相间的条纹是表示安全环境的标志。具体使用实例可参照国家标准《安全色》（GB 2893），《安全标志及其使用守则》（GB 2894），《道路交通标志和标线》（GB 5768），《消防安全标志》（GB 13495）。

（2）安全线。工矿企业中用以划分安全区域与危险区域的分界线。厂房内安全通道的表示线，铁路站台上的安全线都是常见的安全线。根据国家有关规定，安全线用白色，宽度不小于 60 mm。在生产过程中，有了安全线的标示，就能区分安全区域和危险区域，有利于对安全区域和危险区域的认识和判断。

2. 了解工作场所的安全标志

生产经营单位应当在有较大危险因素

的生产经营场所和有关设施、设备上，设置明显的安全警示标志。

安全标志可分为禁止标志、警告标志、指令标志和提示标志四类（见封二、封三）。

禁止标志是禁止人们不安全行为的图形标志。其含义是不准许或制止人们的某种行为。基本形式为带斜杠的图形框，白底、红圈、红杠黑图案。

警告标志是提醒人们对周围环境引起注意，以避免可能发生危险的图形标志。其含义是使人们注意可能发生的危险。基本形式是黑色的正三角形边框，黄底黑图案。

指令标志是强制人们必须做出某种动作或采取防范措施的图形标志。其含义是表示必须遵守的规定。基本形式是圆形边框，蓝底白图案。

提示标志是向人们提供某种信息的图形符号。其含义是示意目标方向。基本形式是正方形边框，绿底白图案。

3. 安全生产目视化管理

安全生产目视化管理是一种现场安全管理方法，就是通过颜色、标识、标签等方式，让员工直观区分或鉴别机器设备、工具设施、作业场所、周边环境的状态、特性和危险程度以及人员身份、资质等，目的是提示风险和方便现场管理。

4. 劳动防护用品及其作用

劳动防护用品是在生产经营过程中，为防御各类外界因素伤害人体而穿戴和配备的防护用品，可以避免或减轻事故伤害及职业危害。个人防护用品供劳动者个人随身使用，是保护劳动者不受事故伤害和职业危害的最后一道防线。因为当前企业的安全技术措施尚不能消除生产经营过程中所有的危险及有害因素，使用防护用品就成为既能完成工作任务，又能保障劳动者的安全与健康的唯一手段，是确保安全生产、预防重特大事故的重要基础保障。

5. 常用劳动防护用品

（1）安全帽类。是头部防护的用品，能使冲击分散到尽可能大的表面，并使高空坠落物向外侧偏离，减轻伤害程度。此外还有防尘帽、防水帽、防寒帽、防静电帽、防高温帽、防昆虫帽等。

（2）眼及面部防护类。主要用于有强光、烟雾和高温等的作业环境，防止对眼（面）部的伤害。如电焊面罩、焊接镜片及护目镜、一般眼镜、防冲击眼护具、有机防护眼镜等。

（3）听力防护类。主要防止噪声过大，造成听觉损伤，引发噪声性耳聋。如耳塞、耳罩、耳帽等。

（4）呼吸护具类。是呼吸器官的防护用品，主要是防止尘和毒物通过呼吸道进入人体。如防毒面具、过滤式防毒面具、滤毒罐（盒）、防尘口罩、复式防尘口罩、过滤式防微粒口罩、长管面具等。

（5）防护手套类。是手和手臂防护用

品，主要防止电焊火花、X射线、油、酸（碱）等对手和手臂造成伤害。如耐酸碱手套、电工绝缘手套、电焊手套、布手套、纱手套等。

（6）防护鞋类。足部防护用品，主要防止物体砸伤、烧伤和酸（碱）烧伤足部等危害。如防刺鞋、防砸鞋、绝缘鞋、耐酸碱靴、耐油鞋、雨鞋等。

（7）防护服类。是躯干防护用品，主要是阻燃和防止从事酸（碱）作业人员的身体受到伤害。如绝缘服、耐酸碱防护服、耐油防护服、防静电工作服、防化服、防火服、雨衣、工作服、防寒服等。

（8）防坠落类。主要是防止高处作业人员坠落。如安全带、安全绳、安全网等。

（9）护肤用品类。是外露皮肤的保护用品。如护肤膏和洗涤剂等。

6. 佩戴劳动防护用品前的注意事项

需要佩戴防护用品的人员在使用防护用品前，应认真阅读产品安全使用说明书，或向有经验的同事或安全员请教，确认其使用范围、有效期限等内容，熟悉其使用、维护和保养方法，发现防护用品有受损或超过有效期限等情况，绝不能冒险使用。

7. 正确佩戴安全帽

安全帽戴法如果不正确，操作者不慎从高处坠落或坠落物打击头部的时候，就起不到防护作用，因此必须掌握正确的佩戴方法。

（1）佩戴安全帽前，要仔细检查合格证、使用说明、使用期限，并调整帽后调整带使其适合自己头型尺寸，然后将帽内弹性带系牢，并调整帽衬顶端与帽壳内顶之间必须保持 20~50 mm 的空间。有了这个空间，才能形成一个能量吸收系统，使遭受的冲击力分布在头盖骨的整个面积上，减轻对头部的伤害。

（2）不要将安全帽歪戴在脑后，这样会降低对冲击的防护作用。不能随意对安全帽进行拆卸或添加附件，以免影响其原有的防护性能。佩戴一定要戴正、戴牢，不能晃动，调节好后箍，以防安全帽脱落。

（3）帽带要系结实，否则一旦发生坠落或物体打击，安全帽就会离开头部，这样起不到保护作用，或达不到最佳效果。

（4）安全帽要定期检查，发现帽子有龟裂、下凹、裂缝或严重磨损等情况，或水平垂直间距达不到标准要求的，就不能再使用，而应当更换新的安全帽。安全帽如果较长时间不用，则需存放在干燥通风的地方，远离热源，不受日光的直射。

（5）安全帽的使用期限，塑料的不超过两年半，玻璃钢的不超过三年，具体使用期限参考产品使用说明。

（6）严禁使用只有下颌带与帽壳连接的安全帽，也就是帽内无缓冲层的安全帽。

（7）维修、操作人员在现场作业中，不得将安全帽脱下，搁置一旁，或当坐垫使用。

（8）在现场室内作业也要戴安全帽，特别是在室内带电作业时更要认真戴好安全帽，因为安全帽不但可以防碰撞，而且还能起到绝缘作用。

8. 使用防护眼镜和面罩的注意事项

（1）必须根据防护对象的不同选择和使用防护眼镜和面罩。如防化学性物品的、防强光、紫外线和红外线、防微波、激光和电离辐射的、防小颗粒和碎屑、金属碎片、沙尘、石屑、火花的，要分清防护类别，否则起不到防护作用。

（2）使用有产品检验合格证的产品。

（3）焊接护目镜的滤光片和保护片要按规定作业需要选用和更换。

（4）护目镜或面罩的宽窄和大小要适合使用者的脸型，护目镜要专人使用，防止传染眼病。

镜片磨损粗糙、镜架损坏，会影响操作人员的视力，应及时调换。要防止重摔重压，防止坚硬的物体摩擦镜片和面罩。

9. 使用防护手套的注意事项

（1）要根据作业场所、操作设备等因素，选择适当材料制作、操作方便的防护手套。但是进行需要精细调节的作业时，进行金属切割、操作车床等机床时、在传送机旁及其他具有夹挤危险的操作时，严禁戴手套，以免引起事故。

（2）要根据防护功能来选用适当的防

护手套。如耐酸碱手套，有耐强酸（碱）的、有耐低浓度酸（碱）的，而耐低浓度酸（碱）手套不能用于接触高浓度酸（碱）。切记勿误用，以免发生意外。

（3）防水、耐酸碱手套使用前应仔细检查，观察表面是否有破损。检查的简易办法是向手套内吹口气，用手捏紧套口，观察是否漏气，漏气则不能使用。

（4）橡胶、塑料类防护手套用后应冲洗干净、晾干，保存时避免高温，并在制品上撒上滑石粉以防粘连。

（5）防护手套要经常进行检查，发现老化、破损等情况应及时更换。绝缘手套应定期检验电绝缘性能，不符合规定的不能使用。

10. 使用防护鞋的注意事项

（1）选择合适尺码的防护鞋，正确穿着，不要拖穿（当拖鞋穿），不得擅自修改安全鞋的构造。

（2）明确安全鞋的防护性能，不要超

越其防护功能使用。如穿不具有防酸碱性的鞋子从事化学品有关操作。

（3）定期清理安全鞋，鞋底亦须经常清扫，避免积聚污垢物，否则会影响鞋底的导电性或防静电效能。

（4）注意个人卫生，使用者应保持脚部及鞋履清洁干爽，在阴凉、干爽和通风处存放。

（5）绝缘鞋必须在规定的电压范围内使用，低压绝缘鞋禁止在高压电气设备上使用，高压绝缘鞋（靴）可以在高压和低压电气设备上使用。经常检查有无破损，且每半年作一次预防性试验。布面绝缘鞋只能在干燥环境下使用，避免布面潮湿。穿用绝缘靴时，应将裤管套入靴筒内。穿用绝缘鞋时，裤管不宜长及鞋底外沿条高度，更不能触及地面，并应保持裤管干燥。低压绝缘鞋若鞋底花纹磨光，露出内部颜色，则不能作为绝缘鞋使用。

（6）非耐酸碱油的橡胶底，不可与酸碱油类物质接触，并应防止尖锐物刺伤。

（7）耐酸碱鞋只能使用于一般浓度较低的酸碱作业场所，不能浸泡在酸碱溶液中进行较长时间作业，以防酸碱溶液渗入鞋内腐蚀足部造成伤害。应避免接触高温、锐器损伤靴面或靴底引起渗漏、影响防护功能。穿用后，应用清水冲洗靴上的酸碱液体然后晾干，避免日光直接照射，以防塑料和橡胶老化脆变，影响使用寿命。

11. 正确穿着工作服

穿着工作服既要起到保护作用，也要方便工作。因此，要选穿合身的服装，并做到"三紧"（即工作服的领口紧、袖口紧、下摆紧），防止敞开的袖口或衣襟被机器夹卷。禁止赤膊工作。在易燃、易爆、烧灼及有静电发生的场所作业的工人，禁止穿着化纤工作服。

12. 使用安全带（绳）的注意事项

（1）安全带（绳）是防止高处作业人员坠落的防护用品，是生命绳、保命绳，使用者必须从思想上高度重视起来，决不能因为怕麻烦、嫌碍事就不用它。

（2）使用前要检查各部位是否完好无损。如绳带有无变质、卡环是否有裂纹，卡簧弹跳性是否良好，金属配件的各种环不得是焊接件，边缘应光滑，发现损坏或磨损严重应及时修理或更换。安全带（绳）在使用后，要注意维护和保管。要经常检查安全带缝制部分和挂钩部分，必须详细检查捻线是否发生裂断和残损等。

（3）高挂低用，注意防止摆动碰撞。将安全带（绳）挂在高处，人在下面工作就叫高挂低用。这是一种比较安全合理的科学系挂方法。它可以使有坠落发生时的实际冲击距离减小。与之相反的是低挂高用。就是安全带（绳）拴挂在低处，而人在上面作业。这是一种很不安全的系挂方法，因为当坠落发生时，实际冲击的距离会加大，人和绳都要受到较大的冲击负荷，容易发生危险。所以安全带（绳）必须高挂低用，严禁低挂高用。

（4）安全带（绳）要拴挂在牢固的构件或物体上，要防止摆动或碰撞，不准将绳打结使用。如安全带（绳）无固定挂处，应拉设满足安全强度要求的水平安全绳。不得将安全绳的金属挂钩直接挂在水平安全绳上使用，应使用连接环作为金属挂钩与水平安全绳的过渡，也不能用安全带绳子部分与水平安全绳相扣，防止绳股相互弯曲过大套接后受力断裂。禁止把安全带（绳）挂在移动或带尖锐棱角或不牢固的物件上。

（5）安全带（绳）保护套要保持完好，以防绳被磨损。若发现保护套损坏或脱落，必须加上新套后再使用。安全带（绳）上的各种部件不得任意拆掉。更换新绳时要注意加装绳套。

（6）安全带（绳）在使用两年后应抽验一次，频繁使用应经常进行外观检查，发现异常必须报废并立即更换。抽样试验用过的安全带（绳），不准再继续使用。

（7）安全带（绳）严禁擅自接长使用。

如果使用 3 m 及以上的长绳时必须要加缓冲器，各部件不得任意拆除。使用围杆安全带（绳）时，因围杆绳上有保护套，不允许在地面上随意拖着绳走，以免损伤绳套，影响主绳。使用时避免触碰有钩刺的工具。

（8）安全带（绳）应储藏在干燥、通风的仓库内，不准接触高温、明火、强酸和尖锐的坚硬物体，也不准长期暴晒、雨淋。

13. 参与安全风险分级管控和隐患排查治理

安全风险，简单来说就是可能发生事故的潜在威胁。隐患，则是指作业场所、设备及设施的不安全状态。人的不安全行为和管理上的缺陷，是引发安全事故的直接原因。现在很多企业都在开展安全风险分级管控和隐患排查治理双重预防机制建设，需要我们农民工朋友参与其中，主要要做好以下几方面工作。

（1）主动参与风险的辨识评估。对日常工作中接触到的生产系统、设备设施和工作场所存在的风险和危险因素全面地分析辨识，学会辨别岗位危险和有害因素，评估事故发生的可能性以及造成的损失。配合企业对风险和有害因素的类别、数量和状况登记建档，并持续更新完善。

（2）企业会对辨识出的安全风险进行分类梳理，实施风险分级和分类管控。农民工朋友要了解安全风险等级从高到低划分为重大风险、较大风险、一般风险和低风险，分别用红、橙、黄、蓝四种颜色标示。现在很多高危企业会依据本企业安全风险类别和等级建立安全风险数据库，绘制企业区域内的"红、橙、黄、蓝"四色安全风险空间分布图。通过图可以直观地了解到企业的风险区分布，红色区域代表高风险区，以此类推，蓝色代表低风险区。

（3）认真了解企业安全风险警示，阅读有关公告栏中公布风险点、有害因素类别、重大危险源和管控措施，认真学习掌握岗位安全风险告知卡，认识本岗位主要危险、有害因素、可能造成的后果、事故预防和应急措施等内容。要熟悉报警装置、现场应急设备设施和撤离通道等。

（4）积极参与，学会做一名隐患排查者。作为企业的员工，要当有心人，在日常工作中用心观察细节，善于发现周围的事故隐患，查找物的不安全状态、人的不安全行为和安全管理上的缺陷。只要对引起严重事故的"征兆"和"苗头"进行排查处理，及时消除，就可以把各类严重事故消灭在萌芽状态。

（5）监督企业通报隐患排查整治情况。企业必须建立健全生产安全事故隐患排查治理制度，采取技术、管理措施，及时发现并消除事故隐患。事故隐患整治过程中无法保证安全的，可以向企业提出停止使用相关设施设备，及时撤出。

14. 正确对待未遂事故

未遂事故是指没有造成人身伤亡、重

大财产损失或环境破坏的事故，又称虚惊事件。如在铸造工厂，你去领料时，把钢锭放在平车上，在运输中，由于未进行固定，钢锭掉落，万幸的是车旁边没人，所以无人受伤。但你在庆幸之余不能无动于衷，虽然这次无人受伤，但下次可能就是一次严重事故。你应该立即向安全员报告，共同查找原因，研究防止掉落的措施。现在很多企业都鼓励大家报告未遂事故，也有企业将未遂事故当作安全教材，让大家以案说法、举一反三，进一步提高职工的安全知识和安全意识，预防事故的发生。

15. 开工前和完工后的安全注意事项

开工前要按照班组长提出的要求，学习掌握本岗位的安全规章制度、操作规程和应急处置方案，如有不明白的地方要及时学习，直至完全掌握。

完工后，应按安全规定关好阀门和开关。将危险物品放在规定的场所，认真填写危险品领用记录单，并按规定关门上锁。整理好用具和工具箱，各种工具要放在指定位置。打扫作业场所，清理废料、垃圾等。如需交接班，则要向下一班工友交代安全注意事项，将有关工作做完整交接。

16. 受限空间作业的主要危险因素

在新建、改造、生产、检修等作业中，施工人员经常要进入各种设备内部，如炉、塔、釜、罐、槽、管道、容器、地下室、坑、井、池、涵洞等封闭、半封闭的场所，这些都称为受限空间作业。

（1）受限空间中可能储存过有毒有害、易燃易爆类物质，如果因残留或未有效隔离导致这些物质窜入受限空间，且作业人员对危险认识不足，未采取有效措施就贸然进入或动火，就很可能发生事故。

（2）受限空间内的各种机械、传动、电气设备等，若处理不当、操作失误，很可能发生机械伤害、触电等事故。

（3）受限空间内需要登高作业时，安全带、绳、梯的安全缺陷可能引发高处坠落事故。

（4）受限空间内作业人员因缺氧或吸入有毒气体晕倒，在不确定危险因素的情况下，盲目组织进入受限空间施救，很可能造成更大的人员伤亡。据统计，有60%的受限空间死亡事故是由于缺氧，或者没有进行气体检测而造成的；有超过一半受限空间死亡事故是由于作业人员试图进入受限空间抢救同伴造成的。近年来全国各地这类型的事故屡见不鲜。

17. 受限空间安全作业的注意事项

（1）遵循"三不进"的原则。没有办理进入受限空间作业许可证不进；监护人员不到位不进；安全防护措施没落实不进。

（2）企业应制订职业危害控制计划、安全操作规程，并制订应急救援预案，积极控制密闭空间作业存在的职业危害，同时做好上岗前和在岗期间的卫生安全培训，确保操作者掌握在密闭空间环境下安全操作的知识和技能。受限空间作业申请经批准取得许可证后方能作业，如涉及用火、高处、临时用电等作业时，必须办理相应的作业许可证。作业前要对作业人员进行安全交底，使之清楚作业存在的危害、风险及注意事项。

（3）受限空间必须与生产系统可靠隔离，做好强制通风或自然通风，确保新鲜空气进入，以保证空间内有足够维持生命的氧气。对可能存在缺氧、富氧、有毒有害气体、易燃易爆气体、粉尘的受限空间，应对受限空间内气体进行取样分析，判断是否存在危险因素。通常先测氧含量，然后测定可燃性气体，最后有针对性地测定有毒有害气体，有毒有害气体的浓度须低于《工作场所有害因素职业接触限值》。进入受限空间的时间距检测时间不应超过30分钟。

（4）保持受限空间出入口畅通，并设置明显的安全警示标志和警示说明。进出受限空间人员要进行清点登记。

（5）受限空间作业安全监护人员必须现场监控，不能离岗。监护人应会同作业人员检查安全措施，统一联系信号。进入特别狭小空间作业，作业人员应系安全可靠的保护绳，监护人可通过系在作业人员身上的绳子进行沟通。在风险较大的受限空间作业，应增设监护人员，并随时保持与受限空间作业人员的联络。

（6）进入受限空间应使用安全电压。进入设备的搅拌、传动部件或设备的受限空间，应切断电源，并上锁或挂牌警示告知。

（7）佩戴规定的劳动防护器材，配备必要的救援设备。对可能出现有毒有害气体的受限空间，必须按照标准选择和佩戴空气呼吸器、氧气呼吸器或软管送气面罩等呼吸防护用品，严禁使用过滤式面具；另外还应根据需要配备通信工具、安全绳索等。

（8）一旦发生缺氧窒息、中毒等紧急情况，救援人员在得到作业负责人准许后，穿戴好符合要求的呼吸防护用品，迅速将窒息者或中毒者移至户外露天处，施以人工呼吸或其他急救措施，同时尽快送往医院救治。

（9）受限空间作业结束后，监护人员会同作业负责人进行安全检查验收，确保无安全隐患且现场已恢复正常状态，分别签字确认，相关记录按规定保留存档。

18. 动火作业的安全注意事项

在厂区内进行焊接、切割，以及在易燃易爆场所使用电钻、砂轮等可能产生火焰、火星、火花的临时性作业，按照危险程度分为一、二、三级动火作业，都需要按规定办理动火许可证。

（1）动火证未经批准，禁止动火。

（2）在禁火区域的管道、容器等生产设施上动火作业时，必须将其与生产系统彻底隔离，并进行清洗置换，取样分析合格后方可动火作业。

（3）给储罐、反应釜等进行焊接作业

时特别要当心其中是否还有残留的易燃易爆物质。对盛装过危险化学物品的容器、设备、管道等生产和储存装置，必须在动火作业前进行清洗置换，取样分析合格后方可动火作业。

（4）现场动火，要移除动火场所周围的易燃物，留出一块足够的作业区域。动火工具必须完好，安全附件齐全良好，符合安全要求。乙炔瓶、氧气瓶、动火点三者应有 10 m 距离，否则要采取隔离措施。

（5）高处作业必须系好安全带或设置工作架，高处动火要采取防止火花飞溅引燃周围可燃物的措施。五级以上大风不准高处动火。

（6）没有完备的消防和应急处置措施，缺乏动火作业安全操作规程，电、气焊工未经培训考核合格并持证上岗的，禁止动火。

19. 灭火器的种类和使用范围

常用灭火器根据充装的灭火介质不

同，主要分有：干粉灭火器、二氧化碳灭火器、泡沫灭火器、水型灭火器和D类灭火器（D类火灾指金属火灾）。灭火器种类不同，针对的火灾也不同，一旦用错，不但不能灭火，而且会造成更大的危险。如灭轻金属火灾就不能用二氧化碳灭火器和水型灭火器。

（1）干粉灭火器。干粉储压式灭火器（手提式）是以氮气为动力，将筒体内干粉压出。适用于扑救石油产品、油漆、有机溶剂火灾，也适用于扑灭液体、气体、电气火灾。干粉灭火器不能扑救轻金属燃烧的火灾。使用时先拔掉保险销（有的是拉起拉环），再按下压把，干粉即可喷出。因为干粉喷射时间短，容易飘散，不宜逆风喷射，喷射前要选择好喷射目标，接近火焰喷射。

（2）二氧化碳灭火器。二氧化碳灭火器是以高压气瓶内储存的二氧化碳气体作为灭火剂进行灭火，二氧化碳灭火后不留痕迹，适用于扑救贵重仪器设备，档案资料，计算机室内火灾，它不导电也适用于扑救带电的低压电器设备和油类火灾，但不可用它扑救钾、钠、镁、铝等物质火灾。使用时，鸭嘴式的先拔掉保险销，压下压把即可，手轮式的要先取掉铅封，然后按逆时针方向旋转手轮，药剂即可喷出。注意手指不宜触及喇叭筒，以防冻伤。二氧化碳灭火器射程较近，应接近着火点，在上风方向喷射。

（3）泡沫灭火器。瓶内主要储存化学泡沫，泡沫能覆盖在燃烧物的表面，防止空气进入。它最适宜扑救液体火灾，不能扑救水溶性可燃、易燃液体的火灾（如：醇、酯、醚、酮等物质）和电器火灾。使用时先用手指堵住喷嘴将筒体上下颠倒两次，就有泡沫喷出。对于油类火灾，不能对着油面中心喷射，以防着火的油品溅出，应顺着火焰根部的周围，向上侧喷射，逐渐覆盖油面，将火扑灭。使用时不可将筒底筒盖对着人体，以防发生危险。

（4）水型灭火器。瓶内主要储存加入

各种阻燃剂、灭火剂的清水，有一系列不同灭火效能的水型灭火器。主要适用于扑救如木材、纸张、棉麻织物等的初起火灾，不能扑救液体及电器火灾。水作为灭火剂，是以四种形态出现，分别是直流水、滴状水、雾状水和水蒸气。水的形态不同，灭火效果也不同。

（5）D类灭火器。主要用于扑灭如钾、钠、镁、铝镁合金等形态的活泼（轻）金属燃烧的火灾。由于金属的属性不同，D类灭火器的药剂成分也不同，需要根据不同金属有针对性地使用。轻金属燃烧时切勿使用普通灭火器扑救，若无D类灭火器，可使用沙土覆盖灭火。

三、行业安全篇

1. 了解特种作业

特种作业是指容易发生事故，对操作者本人、他人的安全健康及设备、设施的安全可能造成重大危害的作业。直接从事特种作业的人员称为特种作业人员。其范围包括：电工作业、焊接与热切割作业、高处作业、制冷与空调作业、煤矿安全作业、金属非金属矿山安全作业、石油天然气安全作业、冶金（有色）生产安全作业、危险化学品安全作业、烟花爆竹安全作业等十大行业，每一行业中都包括一些具体工种，可在《特种作业人员安全技术培训考核管理规定》中进行查询。

2. 国家对从事特种作业的人员的要求

正因为特种作业专业技术要求高，危险性大，一旦发生事故不仅会给作业人员自身生命安全造成危害，而且容易危及其他人员安全健康及周围设备、设施安全，所以国家对特种作业人员的管理非常严格。

（1）特种作业人员必须经专门的安全技术培训并考核合格，取得《中华人民共和国特种作业操作证》后，方可上岗作业。如果企业使用了没有特种作业操作证的特种作业人员上岗作业，有关部门将对其进行严厉处罚。

（2）特种作业人员必须年满18周岁，且不超过国家法定退休年龄；体检健康合格，没有妨碍从事相应特种作业的器质性心脏病、癫痫病、眩晕症等疾病和生理缺陷。

（3）具有初中及以上文化程度（危险化学品特种作业人员要具备高中或者相当于高中及以上文化程度），具备必要的安全技术知识与技能。

（4）操作证每3年复审一次，其间如果违章操作造成严重后果或者有2次以上违章行为并经查证确实的，有安全生产违法行为并受到行政处罚的，拒绝、阻碍安监部门监督检查的，健康体检不合格的，未按规定参加安全培训或者考试不合格的，复审不予通过。离开特种作业岗位6个月以上的特种作业人员，需重新进行实际操作考试，合格者方可从事该作业。

3. 建筑施工的"四大伤害"

建筑施工生产周期长、工人流动性大、露天高处作业多、手工操作多、施工机械种类繁多，且劳动繁重、工作环境差，具有较高的危险性。建筑施工事故隐患多存在于高处作业、交叉作业、垂直运输以及使用的各种电气设备工具上，而伤亡事故多发生于高处坠落、触电、物体打击、机械伤害四个方面。因此，人们把这四个方面的事故称为建筑施工的"四大伤害"。

根据有关资料统计，每年建筑施工单位这四方面的事故占事故总数的75%以上。其中，高处坠落事故占35%左右，触电事故占 15% ~ 20%，物体打击占 15% 左右。在建筑施工企业工作的农民工朋友，要努力防止和避免"四大伤害"，确保自身安全健康。

4. 建筑拆除作业安全注意事项

农民工是从事建筑场地拆除作业的主力军。在拆除作业中极易发生伤亡事故，这也是近年来建筑行业事故多发的领域，为了确保安全，从事拆除工作的人员必须做到以下几点：

（1）拆除作业前的准备。要清理拆除倒塌范围内的设施、设备，将电线、燃气管道、水管、供热设备等干线与该建筑物的支线切断或迁移。检查周围危旧房，必要时进行临时加固。项目经理必须对拆除工程的安全生产负全面领导责任。应按有关规定设专职安全员，检查落实各项安全技术措施。

（2）在划定的危险区域，安排警戒人员和设置警示标志，禁止其他人员入内。

在居民密集点、交通要道施工，要采取可靠的安全防护措施，如搭设的施工脚手架须采用全封闭形式，并搭设防护隔离棚。

（3）拆除作业时，应戴好安全帽，高处作业应系好安全带，时刻注意站立面是否安全可靠。

（4）拆除作业一般应自上而下按顺序进行，建筑物的承重支柱和横梁要等它所承担的全部结构和荷重拆除后才可以拆除。栏杆、楼梯和楼板拆除应与同层整体拆除进度相配合。

（5）禁止立体交叉拆除作业。拆除部分构件应防止相邻部分发生坍塌，拆除危险部分之前应采取相应的安全措施。部分建筑物或构筑物拆除时，对保留部分应先采取相应的加固措施。

（6）作业人员应站在脚手架或其他稳固的结构部位上操作。不准在建筑物的屋面、楼板、平台上聚集人群或集中堆放材料。

（7）拆除钢屋架时，必须采用绳索将

其拴牢，待起重机吊稳后，方可进行气焊切割作业。吊运过程中，应采用辅助措施使被吊物处于稳定状态。拆除轻型结构屋面工程时，严禁施工人员直接踩踏在轻型结构板上进行工作，必须使用移动板梯，板梯上端必须挂牢，防止高处坠落。

（8）在高处进行拆除工程，应设置垂直运输设备或溜放槽，拆除物禁止向下抛掷，拆卸下的各种材料应及时清理，分别堆放在指定的场所。拆除较大构件要用吊绳或起重机吊下运走，散碎材料用溜放槽溜下，及时清理运走。

（9）在进行管道拆除时，应查清管道中介质的种类、化学性质，采取中和、清洗等相应的措施，确保安全后再进行作业。

（10）一般遇有风力在六级以上、大雾天、雷暴雨、冰雪天等影响作业安全的恶劣天气，应禁止进行露天拆除作业。从事爆破拆除施工的作业人员，必须按照国家有关规定经过专门的安全作业培训，并取得特种作业操作资格证书后持证上岗

作业，同时应严格遵守《爆破安全规程》
（GB 6722）。

5. 基础工程施工易出现的事故隐患

基础工程施工主要是指挖沟、埋管等工作，像建筑拆除作业一样，是许多农民工朋友从事的工作。其施工涉及土方的开挖、回填和压实，作业时容易出现滑坡或塌方事故。一旦发生事故，施工者往往被压在土方下面，以致窒息。作业前需要查找是否有以下安全隐患。

（1）挖土机械作业是否有可靠的安全距离。

（2）是否按规定放坡或设置可靠的支撑。

（3）土体有无出现渗水、开裂、剥落，是否在底部进行掏挖。

（4）沟槽内作业人员是否过多，施工时地面上有无专人巡视监护。

（5）堆土离坑槽边是否过近、过高，邻近的坑槽是否有影响土体稳定的施工作业。基础施工是否离现有建筑物过近，导致土体不稳定。

（6）防水施工有无防火、防毒措施，人工挖孔桩施工前是否进行有毒气体检测。

（7）地下水是否得到有效控制。

6. 基础工程施工注意事项

（1）在开挖前先排除地表水、地下水，防止水冲刷、侵蚀产生滑坡或塌方。

（2）挖土应自上而下进行，严禁掏洞挖土施工。

（3）如挖沟、埋管要求的深度较深，则应严格按照土质和深度情况进行放坡，放坡系数由管理人员按施工规范执行。

（4）如果施工区域狭窄或因其他条件所限而不能放坡时，应采取固壁支撑措施。拆除支撑物时，应自下而上逐步拆除。更换支撑、支架时，应先加上新的，再拆下旧的。

（5）在开挖时，要随时注意地下有无电缆、自来水管、煤气管等地下管道，避免损坏，一旦发现已损坏，要立即报告管理人员，马上通知专业部门进行检修，以免发生断电、煤气外泄等严重事故。

（6）当施工时发现土壤有裂缝、落土或滑动现象时，应采取加固措施或排除险情后再施工。

（7）在雨季施工时，应在挖沟的四周垒填土埂，防止雨水流入，并要特别注意边坡的稳定，必要时要采取排水措施，保证水流畅通。挖出的土不宜堆放在房屋墙壁和围墙边，防止倒塌事故发生。

（8）夜间施工应有足够的照明，在深坑、陡坡等危险地段应增设红灯标志。

（9）在搬运管子时，管子应靠近身体重心，应伸直腰，腰和脚同时用力。多人搬运时，步伐要一致。在放下管子时，要有专人指挥，统一口令，一起慢慢放下，以免把手脚压伤或闪腰。

（10）挖出的土方和其他建筑垃圾要定期清理掉。整个施工结束后，做好现场清理才能离开。

7. 防止高处坠落事故

据统计，施工现场40%的死亡事故是由高处坠落造成的。必须在施工前和施工过程中时刻注意查找和发现周边的隐患，严格遵守高处作业安全规定中"三个必有""六个不准"和"十不登高"的基本安全管理规定，防止高处坠落事故发生。

（1）"三个必有"：有洞必有盖，有边必有栏，洞边无盖无栏必有网。

（2）"六个不准"：不准往下乱抛物件，不准背向竖梯上下，不准穿拖鞋、凉鞋、高跟鞋，不准嬉闹、睡觉，不准身体靠在临时扶手或栏杆上，不准在安全带未挂牢时作业。

（3）"十不登高"：患有禁忌证不登高，未经认可或审批的不登高，没戴好安全帽、系好安全带的不登高，脚手板、跳板、梯子不符合安全要求不登高，不通过专用通道或途径不登高，穿易滑鞋、携带笨重物件不登高，石棉瓦上无垫脚板不登高，高压线旁无隔离措施不登高，酒后不登高，照明不足不登高。

（4）高处作业中易出现的隐患有：脚手板断裂或没有固定而滑动、脱落、翘头引起坠落；作业场所的预留孔、工作平台等没有遮盖物和围栏；修理工棚、仓库等简易建筑时，踏碎石棉瓦而坠落；从建筑物周边、斜道等外侧滚落；用力过猛或站立位置不当，失去重心或被物件碰撞而坠落；攀登工具（如竹梯等）损坏或支脚打滑引起坠落。

8. 高处作业安全注意事项

（1）凡在高于地面 2 m 及以上的地点进行的工作，都应视作高处作业。凡能在地面上预先做好的工作，都必须在地面上完成，尽量减少高处作业。

（2）在没有脚手架或者在没有栏杆的脚手架上工作，高度超过 1.5 m 时，必须使用安全带或采取其他可靠的安全措施。脚手架材料和脚手架的搭设必须符合安全规程要求，使用前必须经过检查和验收。

（3）使用有防滑条的脚手板，且要钩挂牢固，禁止在玻璃棚天窗、凉棚、石棉瓦屋面、屋檐口或其他承受力差的物体上踩踏。

（4）安全带在使用前应进行检查，并应定期（每隔 6 个月）进行静荷重试验，试验后检查是否有变形、破裂等，不合格的安全带应及时处理。安全带的挂钩或绳子应挂在结实牢固的构件上或专为挂安全带用的钢丝绳上。禁止挂在移动或不牢固的物件上。

（5）高处工作应一律使用工具袋。较大的工具应用绳拴在牢固的构件上，不准随便乱放，以防止从高处坠落发生事故。

（6）在进行高处作业时，除有关人员外，不准他人在工作地点的下面行走或逗留，工作地点下面应有围栏或装设其他保护装置，防止落物伤人。如在格栅式的平台上作业，为了防止工具和器材掉落，应铺设木板。

（7）不准将工具及材料上下投掷，要用绳系牢后往下或往上吊送，以免击伤下方工作人员或击毁脚手架。上下层同时进行工作时，中间必须搭设严密牢固的防护隔板、罩棚或其他隔离设施，工作人员必须戴安全帽。

（8）凡遇大雾、大雨和6级以上大风时，应禁止室外高处作业。如发现工作人员有饮酒、精神不振或其他影响高处作业的疾病时，应禁止其登高作业。

9. 危险化学品使用和处置的注意事项

危险化学品按照危险特性可以分为易燃、易爆、有毒有害和腐蚀性物品。正因为它的危险性，国家特制定了一系列法律法规和标准，来规范危险化学品的生产、经营、储存、运输、使用和处置环节。

（1）认真学习了解所使用的危险化学品的特性，包括化学性能、操作注意事项、应急处理方法等，不盲目操作，不违章使用。

（2）未经管理人员允许，任何人不得进入危险化学品仓库内，不得随意存放、取用危险化学品。严禁在厂区内吸烟及携带火种和易燃、易爆、易腐蚀物品进入生产区域。严禁穿着易产生静电的服装、带铁钉的鞋进入油、气及易燃易爆区域。

（3）工作前，应先开动通风设备或打开窗户，使工作间空气流通，按规定穿戴好防护服，做好个人防护工作，严格按照行业规章制度和操作规程作业，防止危险化学品事故发生。

（4）严禁未经批准的各种机动车辆进入生产装置区、罐区及易燃易爆区。

（5）若遇到有毒有害化学品泄漏或污染，要立即按程序报告以便相关单位迅速启动应急预案进行应对处置。

（6）妥善保管危险化学品，做到标记完整、密封保存，避热、避光，远离火种。

（7）储存、运输、搬运时要检查容器包装是否完整、密封，轻装轻卸，严禁碰摔、翻滚，防止包装破损泄漏。

（8）废弃的危险化学品严禁自行丢弃处理。

（9）厂房内设置易燃易爆化学品中间仓库的，其储备量不许超过一昼夜的用量。

（10）车间内的易燃易爆化学品临时存放点应设置在阴凉、通风良好的地方，并在现场设置标识、安全警示标志、安全告示牌，制定安全操作规程和安全技术说明书，配备消防器材。在使用危险化学品之前，必须仔细阅读危险化学品安全技术说明书，尤其是有关安全注意事项和应急处理方面的内容。

（11）不要直接接触会引起过敏和会经皮肤吸收引起中毒的危险化学品。使用危险化学品作业时要精神集中，严禁打闹嬉戏。禁止在危险化学品车间内吃东西、饮水。

（12）工作结束后，应及时将各种易燃辅料及棉纱、破布等清理集中，妥善存放。工具洗净，放回原处，不得乱扔乱放，更不能放在烘干箱和电器等热源附近。剩余的危险化学品统一存放或处理。

10. 危险化学品装卸运输中的安全注意事项

（1）危险化学品的装卸运输人员，应按装运危险物品的性质佩戴相应的防护用品，装卸时必须轻装轻卸，严禁拖摔、重压和摩擦，不得损毁包装容器，并注意标志，堆放稳妥。

（2）危险化学品装卸前，应对车辆、

搬运工具等进行必要的通风和清洗，不得留有残渣，对装有剧毒物品的车，卸后必须洗刷干净。

（3）装运爆炸、剧毒、放射性、易燃液体、可燃气体等物品，必须使用符合安全要求的运输工具，禁止用电瓶车、翻斗车、铲车、自行车等运输爆炸物品。运输强氧化剂、爆炸品及用铁桶包装的一级易燃液体时，没有采取可靠的安全措施，不得用铁底板车及汽车挂车。

（4）温度较高地区装运液化气体和易燃液体等危险物品，要有防晒设施。

（5）遇水燃烧物品及有毒害物品，禁止用小型机帆船、小木船和水泥船承运。

（6）运输爆炸、剧毒和放射性物品，应指派专人押运，押运人员不得少于2人。

（7）驾驶运输危险物品的车辆，必须保持安全车速和车距，严禁超车、超速和强行会车。运输危险物品的行车路线，必须事先经当地公安部门批准，按指定的路线和时间运输，不可在繁华街道行驶和停留。

（8）运输易燃、易爆物品的机动车，其排气管应装阻火器，并悬挂"危险物品"标志。

11. 强酸、强碱及腐蚀物品安全操作规程

（1）搬运和使用腐蚀性药品如强酸、强碱及溴等，要戴橡皮手套、围裙、眼镜，并穿深筒胶鞋。

（2）搬运酸、碱前应仔细检查装运器具的强度，装酸或碱的容器是否封严，容器的位置固定是否稳。搬运时，不许一人把容器背在背上。

（3）移注酸碱液时，要用虹吸管，不要用漏斗，以防酸、碱溶液溅出。禁止用嘴直接吸取。

（4）在稀释酸（尤其是硫酸）时，应当一面搅拌冷水，一面慢慢将酸注入。禁止将水注入酸内。

（5）拿取碱金属及其氢氧化物和氧化

物时，必须用镊子夹取或用磁匙取用。

（6）废酸、废碱必须倒在专门的容器内。容器应放在安全的地方。

（7）如腐蚀性物质接触到皮肤上时，应立即用大量清水冲洗。

12. 焊割作业中安全注意事项

焊割作业属于特种作业，在作业过程中应注意"十不焊割"。

（1）凡未经专门的作业技能和安全技术培训、考试不合格、未领取特种作业操作证的不能进行焊割作业。

（2）在重点要害部门和重要场所，未采取防护措施，未经单位有关领导、车间、安全部门批准和办理动火证手续者，不能焊割。

（3）在受限空间内工作时，没有12伏低压照明、通风不良或无人在外监护，不能焊割。

（4）擅自拿来的物件，在不了解其使用及构造的情况下，不能焊割。

（5）盛装过易燃、易爆气体（固体）的容器或管道，未经彻底清洗和有关物质处理，未消除火灾爆炸隐患的，不能焊割。

（6）有可燃材料充作保温层或隔热、隔音设施的部位，未采取切实可靠的安全防护措施，不能焊割。

（7）有压力的管道或密闭容器，如空气压缩机、高压气瓶等，不能焊割。

（8）焊割场所附近有易燃物品，未做清除或未采取安全防护措施的，不能焊割。

（9）在禁火区内，如防爆车间、危险化学品仓库附近，未采取严格隔离等安全措施的，不能焊割。

（10）在一定距离内，有与电焊明火操作相抵触的作业，如汽油擦洗、喷漆等可能排出大量易燃气体的作业，不能焊割。

13. 金属加工机修岗位安全注意事项

（1）机修、保养工作，必须在停车后

进行，检修时应先切断电源，并在开关上悬挂明显标志，如"有人检修，禁止合闸"。

（2）使用钻床钻物件时，必须用夹钳或螺卡固定，严禁直接用手拿着钻，严禁戴手套，要扣好袖口。

（3）使用锉刀、钢凿、扁铲等工具，不可用力过猛，不得使用有卷边或裂纹的钢凿、扁铲有油污要及时清除。

（4）冲床开车前，必须认真检查防护装置是否完好，离合器刹车装置是否灵活和安全可靠，工作台应清理干净，防止物品意外震落到脚踏开关，造成冲床突然启动而发生人身伤害。对冲床脚踏开关的控制，必须谨慎小心，装卸工件时，脚应离开脚踏开关。严禁外人在脚踏开关周围停留。

（5）冲小件工件时，不得用手拿持，应用专用工具夹持。

（6）一部剪床禁止两人同时剪切两种工作材料。大型的剪板机，启动前应先盘车，开动后，应空车运转一会儿，然后才可进行剪切。

（7）车床切削下来的带状、螺旋状切屑，应用钩子及时清除，切忌用手拉。

（8）车床操作时，顶针要顶紧，工件旋转中不得用手触摸，要戴防护眼镜，严禁戴手套。

（9）所有工件，材料要分项分类堆放，铁屑、下料应及时清除，每日做好清洁工作。

14. 粉尘作业岗位安全注意事项

看似不起眼的粉尘，达到一定条件就可能发生爆炸。一般比较容易发生爆炸事故的粉尘大致有铝粉、锌粉、硅铁粉、镁粉、铁粉、铝材加工研磨粉、各种塑料粉末、有机合成药品的中间体、小麦粉、糖、木屑、染料、胶木灰、奶粉、茶叶粉末、烟草粉末、煤尘、植物纤维尘等。在粉尘作业岗位要注意以下事项。

（1）作业人员需经培训合格后，持证上岗。做好岗位职业危害预防和定期体检。严禁在岗位上吸烟，使用明火作业。

（2）作业前检查粉尘作业场地，操作工位整洁，安全通道畅通，照明灯具无尘，打磨机具表面无积尘，电气线路绝缘层完好，防静电连接完好，超温报警器正常。逐项认真填写粉尘作业安全检查表，如有异常应立即处理。禁止自行维修机械设备、照明灯具等用电设备。机械防护装置缺失或故障严禁作业。

（3）检查打磨机具，检查机械防护装置是否可靠；如机械设备异常，应立即向上级报告，等候处理。

（4）检查劳动防护用品，佩戴好防护眼镜、护耳器、防尘口罩。不可穿着化纤质地的工作服和带铁钉的工作鞋。

（5）先打开通风机，通风5分钟后方可做作业准备。调试打磨机械，磨料（砂轮）选型准确。试验集尘器、除尘袋工作情况正常。

（6）出现管道温度报警器报警，集尘管道、除尘器的任何部位破损、粉尘外泄，打磨机具异常声响、电机表面温升异常，或其他事故征兆时，应立即停止作业。

（7）收集的铝镁合金粉尘盛装在防静电托盘里，降温后，装入包装袋放入专用库房。木工粉尘应散开，等候自然降温后装袋入库。

（8）铝镁合金粉尘岗位，严禁配置使用泡沫灭火器、非 D 类的干粉灭火器、水基型灭火器。可以装备使用 D 型干粉灭火器，这是专门适用于金属及轻金属、碱金属、金属氢化物等金属有机化合物火灾的干粉灭火器。该种灭火器的原理是通过排除氧气来实现闷熄失火。其中灌装了氯化钠干粉和石墨材质的 D 类灭火器可用在除锂金属外的一些活泼金属，如钾、钠、镁、钛、锆、铝镁合金等（轻）金属燃烧的火灾。金属燃烧火灾最好是用沙来隔绝灭火。严禁使用室内消防栓扑救铝镁粉尘火灾，亦不可使用水及其他液体降温。

（9）出现紧急情况或事故，应按粉尘火灾爆炸事故现场处置方案处理。

（10）下班后，应清洁作业场所地面粉尘，清理集尘管道和除尘袋，严禁使用发火花工具敲打管道金属部位；严禁使用压缩空气吹扫；切断岗位所有电源开关，关闭门窗，方可离开岗位下班。

15. 开采作业安全注意事项

（1）矿山采矿和剥离工作面，禁止形成伞檐、底根和空洞。作业面上有浮石或哑炮时，必须妥善处理后才能工作，台阶工作平盘应保持平整，禁止任何人在边帮和台阶底部休息和停留。

（2）在坡度大于45°的坡面上凿岩、爆破、清理浮石、修理边帮的作业人员，必须佩戴安全帽；系安全带或安全绳，并将其拴在牢固地点。

（3）采、装、运机械设备运转时，严禁任何人员上下和进行任何修理调整工作。无关人员不得进入机械工作范围内，非操作人员严禁操作机械。工作完毕时，必须把机械撤到安全地带，并切断电源。雷雨、大暴雨、浓雾天气，禁止潜孔钻、挖掘机、铲车、汽车、打砂作业。

（4）为保证边帮稳定。上部台阶采完后，必须留有安全平台和清扫平台。用安全平台作为通行道时，必须有预防落物伤人和作业人员坠落的保护措施。

（5）伞檐悬在上部时，必须迅速进行处理，处理时要有可靠的安全防护措施，受到威胁的人员和设备设施要撤至安全地带。

（6）边帮的松石或裂隙有引起塌落或片帮危险时，必须及时处理。暴雨或春融季节尤其应加强对边帮的检查。边帮有变形和滑动迹象的矿区，必须设立专门观测点，定期观测记录变化情况。

（7）禁止在台阶工作平盘边缘堆放矿岩或物件；禁止潜孔钻、挖掘机、电铲等重型机械设备在距平盘边缘小于 2 m 的地段内行驶、停留和作业。

（8）废石场下部应设警戒牌，人员严

禁行走或停留。废石滚落范围内不得修建道路或建筑物。卸载地点应设不低于0.8 m的车档，并有专人指挥。

（9）清理浮石必须先观察前后、左右、上下相互间的位置，作业者应保持足够的安全距离。严禁一个人在一个工作面单独作业，更不允许2人以上在同一垂直面上作业或攀登。作业时不能用力过猛，每个人都必须先选择好牢固的站立点，并清理出躲避意外的退路。清理浮石和修理边帮必须由山上向山下进行作业，严禁站在被清石块下方操作。清石作业前，必须认真查看有无可能被伤害的人员或设备。

（10）凡遇大雨、暴风雪、7级以上大风、浓雾等恶劣天气，禁止进行作业。

16. 防止触电伤害

工厂车间里有大量电气设备和线路，工作中要了解掌握相关用电知识，防止触电事故发生。

（1）只有专业电工才可以拆除接电气

线路、插头、插座、电气设备、电灯等。

（2）使用电气线路或机具设备前必须要检查线路、插头、插座、漏电保护装置是否完好。

（3）电气线路或机具发生故障时，应找电工处理，不得自行修理。

（4）使用振动器等手持电动工具和其他电动机械从事湿作业时，要由电工接好电源，安装上漏电保护器，操作者必须穿戴好绝缘鞋、绝缘手套后再进行作业。

（5）搬运或移动电气设备必须先切断电源。搬运钢筋、钢管及其他金属物时，注意与电线和带电设备间距，防止触电。

（6）禁止在电线上挂晒物料或其他物品。

（7）禁止使用照明器（碘钨灯等）烘烤、取暖，禁止擅自使用电炉和其他电加热器。

（8）在架空输电线路附近工作时，应停止输电，不能停电时，应有隔离措施，要保持安全距离，防止触碰。

（9）电线必须架空，不得在地面、施工楼面随意乱拖，若必须通过地面、楼面时应有过路保护，物料、车、人不准压踏碾磨电线。

17. 防范机械操作伤害事故

各类机械设备在运转中可能发生对人体的伤害事故，如工件、刀具飞出伤人，切屑伤人，手或身体被卷入，手或其他部位被刀具碰伤，被转动的机构缠、压住。简单说就是机械对人体造成了搅、挤、压、碾、弹、磨、卷等伤害。如果工作的企业自动化程度低，机器安全可靠性差，加上工人劳动强度高，注意力下降，极易发生事故。因此要格外注意安全防范，不能有半点疏忽。

（1）对于机械伤害的防护，最根本的是要将其全部运转零部件进行遮拦，从而消除身体任何部位与其接触的可能性。要做到"转动有罩，转轴有套，区域有栏"，防止衣袖、发辫和手持的工具被绞入机器。

（2）检修或清扫时，必须先断电、关机，待机器停妥后方可检修、清扫，加油应当使用长嘴注油器。

（3）操作时穿戴的工作服必须做到"三紧"。夏天不能赤膊或披着衣服，冬天严禁戴围巾，女工须将发辫收在工作帽里，在车床等机床上操作严禁戴手套。

（4）不是自己操作的机械，或不懂操作方法，千万不要随意开动机器。

（5）加工零件，一定要固定牢靠，防止飞出伤人。

（6）机器周围的环境应卫生整洁，保持通道畅通，不要把各种物品乱七八糟地堆在机器旁边。

（7）严格实行工前检查制度，在确认操作设备、加工件均符合安全规定的情况下才能开机操作。

18. 职业危害的含义

职业危害又称为职业病危害，指从事

职业活动的劳动者可能导致职业病及各类职业健康损害的各种危害。主要分为三大类。

（1）与生产过程中有关的职业危害因素。主要有生产性毒物（铅、汞、苯等），各类生产性粉尘（煤尘、金属粉尘等），不良的工作条件（高温、高低压等），各种辐射（如 X 射线、激光、紫外线等），生产性噪声、振动，某些生物因素等。

（2）与劳动过程相关的职业危害因素。主要有安排劳动时间过长或作息时间不合理，劳动强度过大或安排不当，长时间处于某种不良体位或不按规定使用工具，个别器官或系统过度劳累或紧张等。

（3）与作业场所的卫生技术条件不良或生产工艺落后及设备缺陷相关的职业危害因素。主要有通风、照明不良、防尘防毒和防暑降温设备缺乏，厂房、车间布置不合理，安全防护或个体防护用品不足或没有配备等。

19. 容易引发职业病的行业

职业病是指劳动者在生产劳动及其他职业活动中，因接触粉尘、放射性物质和其他有毒有害物质等有害因素而引起的疾病。国家有关部门联合颁布了《职业病分类和目录》，规定了 10 大类共 132 种职业病。主要包括：职业性尘肺病及其他呼吸系统疾病、职业性皮肤病、职业性眼病、职业性耳鼻喉口腔疾病、职业性化学中毒、物理因素所致职业病、职业性放射性疾病、职业性传染病、职业性肿瘤、其他职业病。

按照职业病危害因素分类，易引发职业病的行业和工种主要有：

（1）粉尘危害。相关行业和工种有：矿山开采、轧石粉碎，水泥、耐火保温材料、陶瓷生产，铸造、翻砂、各种打磨、电焊。

（2）苯、甲苯、二甲苯、甲醛危害。相关行业和工种有：油漆涂料制造及使用，皮鞋、箱包、精细化工生产，板材加工，家具、玩具制作。

（3）铅危害。相关行业和工种有：蓄电池、探伤防护器材制造，冶炼。

（4）汞危害。相关行业和工种有：灯具、医用仪表制造。

（5）噪声危害。相关行业和工种有：纺织业，电线电缆制造，各种碾磨、粉碎、爆破。

（6）放射线危害。相关行业和工种有：X光透视、探伤、放射性治疗仪操作。

20. 如何预防职业危害

（1）产生职业病危害的企业必须保证其职业病危害因素的强度或者浓度符合国家职业卫生标准。对于作业环境中的有毒有害物质和粉尘，应通过加强通风和采取密闭、隔离等措施，使其浓度降至符合国家规定的标准；对于噪声应采取吸声、消声、隔声、隔振的方法，使强度符合国家规定要求；对于高温通常采用降温、通风、隔热等措施加以防护。要从原料、工艺、设备等方面进行改进，降低职业危害因素的产生，减少劳动者与职业危害因素直接接触的机会。要根据有害与无害作业分开的原则，建设与职业病危害防护相适应的设施，如有配套的更衣间、洗浴间、孕妇休息间等卫生设施。

（2）企业应当及时、如实向所在地职业病监管部门申报危害项目，接受监督。对有职业病危害的技术、工艺、设备、材料不得隐瞒其危害，否则要对所造成的职业病危害后果承担责任。在可能产生职业病危害的设备、岗位，于醒目位置设置警示标识和警示说明，写明可能产生的职业病危害、安全操作和维护注意事项、职业病防护以及应急救治措施等内容。

（3）企业在与农民工朋友订立劳动合同（含聘用合同）时，必须将工作过程中可能产生的职业病危害及其后果、职业病防护措施和待遇等如实告知劳动者，并在劳动合同中写明，不得隐瞒或者欺骗。工作岗位或者工作内容变更，出现新的职业病危害作业时，必须再次如实告知，并协商变更原劳动合同相关条款。如果企业不这么做，农民工朋友有权拒绝从事存在职业病危害的作业，用人单位不得因此解除与劳动者所订立的劳动合同。

（4）企业要组织开展上岗前的职业卫生培训和在岗期间的定期职业卫生培训，普及职业卫生知识，督促员工遵守职业病防治法律、法规、规章和操作规程，指导正确使用职业病防护设备和个人使用的职业病防护用品。

（5）在有职业病危害的企业工作的农民工朋友应当主动学习和掌握相关的职业卫生知识，增强职业病防范意识，遵守职业病防治法律、法规、规章和操作规程，注意自觉穿戴好个人劳动防护用品，消除或减少有害因素对自己和他人的危害，发现职业病危害事故隐患应当及时报告。

（6）企业要对从事接触职业病危害作业的员工，组织上岗前、在岗期间和离岗时的职业健康检查，并将检查结果书面告知员工。职业健康检查费用由企业承担。如果企业没有组织上岗前职业健康检查就要求员工从事接触职业病危害的作业，员工可以拒绝。企业应当为员工建立职业健康监护档案，并按照规定的期限妥善保存。职业健康监护档案应当包括劳动者的职业史、职业病危害接触史、职业健康检查结果和职业病诊疗等有关个人健康资料。员工离开时，有权索取本人职业健康监护档案复印件，便于发现职业病后申请工伤赔偿。

案例分析

高处作业事故案例

近日，某施工工地发生一起较大安全事故。施工人员在铺设防护棚过程中，防护棚突然发生坍塌，造成9人死亡，1人受伤。发生事故的18层住宅楼，目前正进行外墙装修。在发生事故的15层脚手架上，铺垫木板从中间断裂。当时有12名工人在脚手架上施工，其中10人随断裂建筑木板坠落、2人抓住周边脚手架幸免于难。

经分析，事故主要原因是：木板在高处集中堆放，施工人员过于密集，致使防护棚荷载过大，2根防护棚钢丝绳拉断后造成局部坍塌。事故间接原因是：现场安全管理存在严重缺陷。当时11名工人高处作业未系安全带，说明工人安全意识淡薄，安全技能缺乏，这也是造成重大伤亡的主要原因。这起事故告诉我们，施工人员必须牢固树立"安全第一"的理念，提高安全防范意识，高处作业人员必须经过高处作业安全培训，并且佩戴好安全带才能进行登高作业；建设单位、施工单位和监理单位要建立健全安全生产责任制和各项规章制度，依法进行工程建设，保证施工现场的安全管理责任、规章制度和安全措施的落实；施工人员要服从工程技术人员和安全员的现场检查和施工指导，坚决杜绝"三违"现象。

四、应急救护篇

1.发生安全生产事故的正确处理方法

尽管农民工朋友们经过安全教育增强了安全意识，懂得了安全操作的基本知识，也具有了避免事故和人身伤害的能力。然而，事故和伤害很难做到绝对不发生，万一发生事故，如果处理不当，也会带来不可挽回的损失。

例如，工厂有人触电，就急忙上前去拉，结果自己也同样触电；一听到着火，没有搞清火源性质，一拥而上，结果又发生爆炸，造成更大伤亡；同伴到反应罐中作业，中毒晕倒，自己没有防护设备却贸然下去施救，结果自己也一起中毒；同伴被机械轧伤身体某个部位，便慌了手脚，任其大量出血，从而造成了更严重的后果。因此，提高发生事故后采取应急措施的能力非常重要。

发生事故以后，在做应急处理时应掌握的要点是：

（1）不要惊慌失措，要保持情绪稳定，慌乱只会使自己束手无策。

（2）及时向负责人报告事故情况。如有岗位应急预案或事故应急预案，应按照规定立即启动，并根据预案要求展开行动。

（3）听从领导或有经验的同事的指挥和安排，在采取应急措施时，要预先估计可能产生的后果，避免盲目施救。

（4）要根据不同的事故、人员伤势情况，采取不同的措施，如立即停机、断电，使受害人脱离致伤物。抢救触电人员时，必须在切断电源后进行，并立即联系车辆，送往医院。

（5）发生化学灼伤，应立即用清水冲洗灼伤的皮肤或眼部，然后再送往医院治疗。

（6）积极协助抢救，减少伤亡。如自身安全受到威胁，有权拒绝违章指挥，迅速撤离现场。发生事故，不管是无伤害还是轻微伤害，都要报告上级主管部门，不能隐瞒。

（7）积极配合事故调查，如实提供相关证据，反映事故情况。

2. 学会正确报警

（1）发生火灾、爆炸、危化品事故时，应立即拨打"119"火警电话。报警时，应讲清事故单位的名称、详细地址及着火物质种类、火情大小、报警人姓名及联系电话，必要时，安排人员到路口引导消防车进入事故区域。

（2）生产或交通事故中有受伤人员时，拨打"120"急救电话。打电话请求医疗急救时，要清楚告知事故企业的名称、详细地址、联系电话及目前受伤人员情况（人数、伤情、部位等）。在专业人员未到时，也可请求提供现场应急救护指导。

（3）发生道路交通事故时拨打"122"

电话。发生道路交通事故后，除了应急抢救伤员外，还要保护好现场，并迅速拨打"122"电话报警，讲清事故发生地点、时间、主要情况、造成的后果。如有燃烧、危险化学品泄漏的，还要讲清燃烧、泄漏物的种类和数量。

（4）危急时刻拨打"110"报警电话。在遭遇歹徒抢劫、盗窃、伤害等危急情况急需求助时，要立即拨打"110"报警电话，讲清自己的姓名、事发地点、联系电话、案情的大致情况，如犯罪分子的人数、面貌衣着特征、作案手段、逃逸方向等，提供尽可能多的线索。

3. 应急救援注意事项

（1）保持镇定和头脑清醒，大胆、细心、科学判断事故情况和人员伤情。

（2）评估现场安全状况，做好自我防护，防止二次伤害事故发生，确保自身和伤员安全。

（3）在应急处置过程中，分清轻重缓

急，先救命，后治伤，先抢后救，果断实施救护，尽可能减轻伤者的痛苦。严禁救护人员在不佩戴呼吸器的情况下进入通风不畅的事故区抢险救灾。

（4）应充分考虑自救器有效使用时间和人员撤离时间，决定撤离或是进入临时避灾场所。在撤退沿途和所经过的巷道交叉口或进入避难硐室前，要留设指示方向或衣物、矿灯等明显标志，以提示救援人员的注意。

（5）在被困地点待救时，遇险人员应尽量俯卧于巷道底部，以保持体力、减少氧气消耗，为外界救援争取时间，并要采取有规律地敲击金属物、顶帮岩石等方法，发出呼救联络信号，以引起救援人员的注意，提示避难人员所在的位置。

（6）对一些危急伤者，可遵循先救后送原则，请懂应急救护知识的人员对伤员先进行现场急救，采取人工呼吸、胸外心脏按压、紧急止血等必要的救护措施，同时向医疗机构求救，或直接送医院抢救。

（7）充分利用可支配的人力、物力来协助救护。平时要保证所有的抢险救援器材种类齐全、质量完好、功能可靠。

4. 现场应急救护的主要步骤

（1）呼叫伤员，轻拍其面部或肩部，判断伤员是否有意识。

（2）原地高声呼救，拨打急救电话。

（3）将伤员置于心肺复苏体位，清除口鼻内的污物，打开伤员气道，在5秒钟内，判断伤员是否有呼吸，如无，立即进行人工呼吸。

（4）迅速判断伤者有无心跳和脉搏。

（5）注意检查伤员有无严重出血的血口，如有，要立即进行止血，避免伤者因大出血休克而死亡。

（6）从伤者头、颈、胸、腹、背、骨盆、四肢等部位依次进行检查，判断其伤势情况。

（7）用最短的时间将伤员转送至医院救治。

5.外伤的应急救护

外伤主要有四大急救技术，下面做一些简单介绍。有条件的话，建议企业组织专门的培训和演练，以提高农民工朋友外伤急救的能力。

（1）止血。成年人大约有 5 000 mL 血液，当伤员出血量达 2 000 mL 左右时，就会有生命危险，必须紧急进行止血。止血的方法有直接压迫止血法、加压包扎法、填塞止血法、指压动脉止血法（用手掌或手指压迫伤口近心端动脉）。止血所用物品要干净，防止污染伤口；如果使用止血带，使用时间不能超过 1 小时；不能用金属丝、线带等代替止血带使用。

（2）包扎。包扎是为了保护伤口、减少污染、止血止痛、固定敷料等。包扎材料可用绷带、三角巾或干净的衣服、床单、毛巾等。

（3）固定。固定是为了防止骨折部位移动（骨折端部移动时会损伤血管、神经、肌肉），减轻伤员痛苦。固定时动作要轻，松紧要适度，皮肤与夹板间要垫一些衣服或毛巾之类的东西，防止因局部受压而引起组织坏死。

需要注意的是，伤员休克或大出血时，先要（或同时）处理休克、止血；刺出伤口的骨头不要强行复位，以免加重感染。

（4）搬运。要特别小心保护受伤处，不能使伤口创伤加重。要先固定好再搬运，对昏迷、休克、内出血、内脏损坏和头部创伤的伤员必须用担架或木板搬运。尤其是颈、胸、腰段骨折的伤员，一定要保证受伤部位平直，不能随意摆动。

搬运是急救的重要步骤，搬运方法要根据伤情和各种具体情况而定。如果搬运方法不当，极有可能加重伤者的伤势，给以后的医治带来困难。

6. 危险化学品泄漏的应急措施

很多农民工朋友在危险化学品企业工

作，如果遇到有毒有害气体在身边发生泄漏的情况，应该采取以下应急措施：

（1）立即关闭工作台开关、停止作业、切断电源、严禁火种、禁止车辆进入，并立即设置警戒线，尽快撤至离危险品较远的地方。如果不能立即离开危险品，应尽量减少呼吸次数，以减轻有害气体进入身体对呼吸道的伤害。

（2）立即用随身的手帕、厚帽子、手套、口罩等一切可以进行遮掩的物品进行口鼻遮掩，如有防毒面具或防护镜也应立即戴上。

（3）立即报警。应告知现场详情，让救援人员能及时做出判断，采取相应的应急措施。

（4）如果要对中毒伤员进行抢救，最好将其移到空旷的上风口，并立即送往专科医院。

（5）少量原材料泄漏应用容器收集，不能收集的用沙土吸附处理；大量液体泄漏应通过围堰引入应急回收池，地面用水冲洗，废水进入应急回收池。

（6）当苯、甲苯等液体类有毒化学品大量泄漏时严禁使用自来水冲洗，应使用沙土、泥块或适合的吸附剂予以吸附，防止污染蔓延。做好泄漏危险废物的处置工作。

7. 触电的应急救护

如果在工作现场发现有人触电，应立即进行急救。记住，这时争取一两分钟时间甚至可以挽救一个人的生命。对触电者进行现场急救的注意事项主要有：

（1）使触电者迅速脱离电源。发生触电事故时，切不可惊慌失措，首先要迅速切断电源，这是能否抢救成功的首要因素。

（2）救护者要切实注意自身安全。当伤员触电后，身上有电流通过，如抢救错误，同样会使抢救者触电。在伤员未能解脱电源前，救护人员不准直接用手去拖拉触电者，不准用金属或潮湿的物体作为救护工具，而应使用绝缘工具，并以单手操作为宜。在伤员安全脱离电源后方可进行现场急救。

（3）要防止处于高处的触电者在脱离电源后，出现坠落摔伤，引发二次事故。应采取防坠摔伤安全措施。即便在平地也要注意伤员倒下的方向。

（4）当触电者脱离电源后，应区别情况立即进行应急救护，并迅速送医院抢救治疗。

8. 三种常见情况下的应急救护方法

（1）伤员神志清醒，但有其他症状，

如感到头昏、乏力、心悸、出冷汗，甚至出现恶心或呕吐症状等。对这类伤员要安排就地安静休息，减轻心脏负担，加快身体恢复，情况严重时，迅速送医院检查抢救。

（2）伤员呼吸、心跳尚存，但神志昏迷。对这类伤员要移至空气流通的地方，仰卧，解开衣扣，并注意保暖。要严密观察，做好人工呼吸和心脏按压等多项准备工作，并迅速送伤员去医院抢救。有条件的可以实施气管插管，加压氧气人工呼吸；也可针刺人中、涌泉等穴位。对这类伤员不能打强心针。

（3）伤员心跳、呼吸停止。要迅速用体外人工心脏挤压法来维持血液循环，如呼吸停止则用口对口的人工呼吸来维持气体交换。在呼吸、心跳全停止时，则要同时进行体外人工心脏按压和口对口人工呼吸，并迅速送往医院抢救。

9. 断肢或断指的应急救护

（1）让伤者躺下，用一块纱布或清洁

的布块，放在断肢的伤口上，再用绷带或
围巾包扎。

（2）立即派人找回断肢（指）。如断
肢（指）仍在机器中，需立即拆开机器
取出，同伤员一起送往医院，以备断肢
（指）再植。

（3）断肢（指）要用无菌或清洁的纱
布包扎，置于塑料袋中密封，最好再放入
有冰的容器中，切勿直接浸泡于任何液体
或直接放置于冰块中。

（4）尽快前往有条件进行再植手术的
专科医院就诊，争取在6～8小时内进行
再植手术。

10. 烧、烫伤后的应急救护

烧伤通常分为电击伤、化学烧伤、烫
伤等。

（1）立即脱离热源，扑灭衣物上的火
焰，切不可奔跑或用手扑打，可跳入水
中，或用被子、毯子覆盖。

（2）立即用冷水冲洗或浸入冷水中。

（3）创面有水泡不能抓破，切勿揉搓，以免破皮。

（4）有衣物粘连不可硬撕硬拉，可剪去伤口周围的衣物，及时以冰袋降温。伤口可用清洁布覆盖，防止污染。

（5）及时送医院救治。

11. 中暑的处理措施

在工作场所高温的情况下，要提前做好防暑降温工作。一旦发生了中暑，要迅速采取措施，防止发生重症中暑甚至是热射病。

（1）选择阴凉通风的地方休息。

（2）多饮用一些含盐分的清凉饮料，在额头涂抹清凉油、风油精等。

（3）服用人丹、十滴水、藿香正气水等中药。

（4）如出现血压降低、虚脱等症状，应立即平卧，及时送医院静脉滴注生理盐水。

（5）对于重症中暑者应迅速送至医院

救治。若远离医院，可先用湿床单或湿衣服包裹病人，并用强力风扇吹风，以增加蒸发散热。在等待转送期间，也可将病人躯干部位浸泡于湖泊或河流中，或用冰块、冷饮进行降温。

五、公共安全篇

随着社会经济的发展，城市为每位农民工朋友提供了便利的交通、舒适的购物环境、丰富多彩的娱乐生活。农民工朋友在享受各种良好设施和服务的同时，还需要了解一些公共安全方面的知识，避免受到伤害。

1. 安全过马路

快捷的交通给外出务工带来了方便，但由于缺乏交通安全知识或不遵守交通规则，也可能在交通事故中成为受害者。

（1）行人须在人行道内行走，没有人行道时应沿路边行走。行走时要专心，注意观察前后车辆，不要边走边看手机或做其他事情。

（2）横过马路必须走人行横道、人行天桥或地下通道。没有人行横道的，须事先看清左右来往车辆，待车辆过后再通过。要学会避让机动车辆，不与机动车辆争道抢先。切忌过马路时犹豫不决、走走停停、跑向路中又回头或者盲目突然横穿，这些会导致机动车驾驶员判断失误，采取措施不当而发生交通事故。

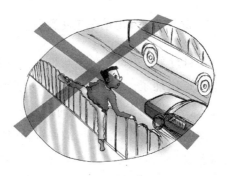

（3）要按照交通信号灯的指挥过马路，特别是在信号灯即将变换的瞬间，要当心机动车辆会抢最后的绿灯甚至是黄灯，高速冲过路口而造成危险。在一些路幅较宽的路口，不能及时通过，可以在人行横道中心的"行人等待区"等待下一次绿灯信号。

（4）遇有雨、雾、雪天气，最好穿着色彩鲜艳的衣服，以便机动车驾驶员尽早发现，提前采取安全措施。

（5）遇有大风刮起灰尘时，不要突然横穿马路抢上风；遇风、雪、雨或烈日天气，打伞、穿雨衣不要挡住自己的行走视线。

2.骑自行车和电动车应注意安全

骑自行车、电动车外出与步行相比不安全因素增加了，特别是电动车速度快、惯性大，在机动车道上行驶时声音很小，很少能引起驾驶员的注意，故而极易引发交通事故。

（1）不要双手离把或单手持物骑车，不要超速骑行。

（2）骑车时不要攀扶机动车辆，不载过重的东西，不在骑车时戴耳机听音乐、广播。

（3）骑车不要互相追逐或曲折行驶，不要多人并骑，骑车不要带人；搭载学龄前儿童时须遵守相关规定。

（4）在非机动车道上靠右边行驶，不

逆行；禁止在人行道或横过人行横道时骑行。

（5）经过交叉路口，要减速慢行，注意来往行人、车辆，不闯红灯。

（6）转弯时不突然猛拐，要提前减速，注意观察四周情况，以明确的手势示意后再转弯；超车时不要妨碍被超车辆行驶。

（7）不要进入非机动车禁驶区，不要在行车道上滞留。

（8）车辆须停在存车处或者指定地点，不妨碍交通，注意防盗。

（9）要经常检修，保持车闸、车铃灵敏、正常，车况完好。

3.乘坐机动车的注意事项

（1）乘坐公共汽车，要排队候车，不要拥挤。上下车均应等车停稳以后，先下后上，不要争抢，上下车及路途中要注意防盗。乘坐无人售票公共汽车要准备好零钱，主动投币。

（2）不得将汽油、烟花爆竹等易燃易

爆危险品带入车内。

（3）乘车时不要把头、手、胳膊伸出窗外，以免被对面来车或路边树木刮伤；严禁向车窗外乱扔杂物，以免伤及路人和破坏环境。

（4）乘车时要坐稳扶好，以免车辆紧急刹车时摔倒受伤。

（5）乘坐小轿车、微型客车，应系好安全带。

（6）乘坐卡车、拖拉机不要站立在后车厢里或坐在车厢板上。

4.乘坐轨道交通的注意事项

（1）自觉遵守站、车秩序。出入站及上下车时不要拥挤，先下后上。不要在站、车内追逐打闹。

（2）严禁跳下站台、翻越护栏进入线路内。在站台候车时，须站在黄色安全线以内，以免发生危险。

（3）灯闪、铃响时不要上下列车；上下列车时要注意列车与站台之间的空隙及高度落差，以免发生意外；切勿阻止车门或屏蔽门关闭。

（4）手或身体不要扶靠屏蔽门、安全门。如跌落物品至轨道，联系工作人员拾取。

（5）禁止擅自触动行车设备。

（6）遇停电、火灾等意外或是列车迫停，应保持镇静，听从工作人员指挥，有序撤离。

（7）严禁携带雷管、炸药、鞭炮、汽油、柴油、煤油、油漆、电石、液化气、酸类等易爆、易燃、有毒、腐蚀性和杀伤性等危险品以及容易污染设备和环境的物品乘车。

5. 防止发生触电事故

（1）电灯不亮，线路发生问题，不要盲目去撬弄电气设备维修，应请专业电工前来修理。

（2）不得随意拖接临时线，不得随意拆除接地线。

（3）严禁使用损坏的插头插座，严禁使用绝缘体磨损的电线。

（4）用电前须检查漏电保护器或防触电装置是否正常。

（5）移动电气设备前，应先切断电源。

（6）严禁用水冲洗或用湿布擦洗电气设备，以防止发生短路和触电事故。

（7）雷雨天不要走近高压电杆、铁塔以及避雷针的接地导线周围 20 m 之内，以避免雷击时发生触电。

电力部门事故应急抢修电话号码为95598。

6. 安全使用燃气

日常生活中，人们常用的城市燃气有液化石油气、人工（管道）煤气、天然气，使用时应注意如下安全事项：

（1）使用燃气时不得离人，房间要经常通风，气瓶应放在阴凉处，不要靠近火源，使用后应及时关闭阀门。

（2）要经常检查液化气瓶减压阀上的

密封胶圈是否老化、脱落，一旦胶圈老化、脱落，应马上更换。

（3）发生燃气意外泄漏，千万不要启动任何电器设备，要及时打开门窗通风换气，并迅速报告燃气公司，不要做任何可能引发爆炸的危险事情。

（4）若气瓶或炉具损坏，应及时送到液化气站检查、更换，不得自行修理；发现炉具漏气，应请专业人员检修。

（5）气瓶不得火烧水烫，不得擅自往外倒残液或倒置使用。

（6）燃气用具、连接软管要选用正规厂家的合格产品。如果贪图便宜，使用不合格产品就等于埋下事故隐患。

（7）灶具应安置在远离易燃物处，并与气瓶保持一定的距离；应保持炉具及减压阀、胶管等配件的清洁。

（8）使用燃气时，要有人在灶前看管，最好使用带熄火保护装置的灶具。每天临出门、临睡前要检查一下煤气阀门是否关好。

（9）安装燃气热水器，一定要请专业人员进行规范安装，切勿装在浴室或密封、通风不畅的房间内。使用燃气热水器时，特别是冬季，一定要保持室内通风良好，防止火灾、爆炸、中毒事故。

7. 使用电梯的注意事项

（1）进入电梯时要注意观察，防止电梯门虽然开了但轿厢仍未到位，发生踩空坠落事故。在电梯关门时勿强行挤入，勿将超重货物带入电梯。

（2）电梯下落速度不正常或轿厢内出现焦煳味时，应立即将每一层按键都按下，同时头、背部紧贴轿厢壁，抓住把手两腿膝盖微微弯曲，上身向前倾斜，以应对可能发生的冲击。

（3）电梯突然停运时，不要轻易扒门爬出，以防电梯突然启动。

（4）被困电梯内时，应保持镇静，可立即用电梯内报警铃、对讲机或电话和有关人员（可参见电梯内张贴的安全检验合格证上注明的维保单位）联系，等待救援。如报警无效，可以大声呼救或间隔地拍打电梯门。电梯内不是密闭的，困人时一般处于安全保护状态，无生命危险或窒息危险。

（5）如发生地震、火灾、电梯进水等紧急情况，严禁使用电梯，应走应急通道或楼梯。

（6）如电梯运行途中发生火灾或其他事故，应使电梯在就近楼层停靠，并迅速从楼梯逃生。

8. 火灾自救注意事项

面对火灾浓烟毒气和熊熊烈焰，农民工朋友们如能在平时多掌握一些与火场逃生有关的知识和自救方法，在困境中就可能获得生机，化险为夷。首先要增强防范意识。当你走进商场、宾馆等公共场所时，要注意了解和熟悉环境，留心太平门、安全出口、灭火器的位置，以便在发生意外时能及时疏散和灭火。以下介绍一些遇到火灾时的自救方法：

（1）一旦听到火灾警报或发现自己被火围困，应保持镇定，切不可盲目逃跑或跳楼。要了解自己所处的环境位置，及时地掌握当时火势的大小和蔓延方向，然后，根据疏散指示标志，选择逃生路线和途径。

（2）寻找疏散通道和可利用的途径疏散，千万不要乘坐电梯。可从疏散楼梯、消防电梯、室外疏散楼梯等疏散，也可利用窗户、阳台、屋顶、避雷针、落水管等脱险。在疏散通道被封闭或其他途径受阻时，还可考虑利用绳索滑行。用结实的绳子或将窗帘、床单、被褥等撕成条、拧成绳，用水沾湿后将其拴在牢固的暖气管道、窗框、床架上，计算好高度和绳长，被困人员可逐个顺绳滑到下一楼层或地面。

（3）要保护呼吸系统。逃生时可用毛巾或餐巾布、口罩、衣服等将口鼻捂严，否则会有中毒危险，也可能被热空气灼伤呼吸系统软组织，导致窒息死亡。由于火灾发生时烟气大多聚集在上部空间，因此在逃生过程中应尽量将身体贴近地面，宜用膝、肘着地，匍匐或弯腰前进，因为近地处往往残留新鲜空气。注意，呼吸要小而浅。

（4）逃生时应从高楼层处向低楼处逃生，因为火势是向上燃烧的，火焰会自下而上地烧向楼顶。在非上楼不可的情况下，必须屏住呼吸上楼，迅速通过楼梯层。

（5）在屋内对外面火情不明时，应先用手触摸门把锁，如果门锁温度很高，或有烟雾从门缝中往里钻，则说明大火或浓烟已封锁房门出口，此时千万别贸然打开房门。如果门锁温度正常或门缝没有烟雾钻进来，说明大火离自己尚有一段距离，此时可打开一道门缝观察外面通道的情况。开门时要用一只脚去抵住门的下框，防止热气浪将门冲开，助长火势蔓延，在确认大火并未对自己构成威胁的情况下，应尽快离开房间逃出火场。

（6）在无路逃生的情况下，可利用卫生间等暂时避难，如躲进厕所内用毛巾塞紧门缝，打开水龙头把水泼洒在地上、门上降温，躲进放满水的浴缸内等。避难时要用水喷淋迎火的门窗，把房间内一切可燃物淋湿，延缓着火时间。

（7）要主动与外界联系，以便尽早获救。在较高楼层应利用手机、电话等通信工具向外报警，以求得援助，另一方面也可从阳台或临街的窗户内向外发出呼救信号，向楼下抛扔沙发垫、枕头和衣物等软体信号物，夜间则可用打开手电、手机、应急照明灯等方式发出求救信号，帮助营救人员找到确切目标。

（8）如不得已就近逃到楼顶，要站在楼顶的上风方向等待救援。千万不要跳楼逃生。如果实在紧急，需要在低楼层徒手跳楼，一定要抓住窗台或阳台，使身体自然下垂，然后跳下，以尽量降低垂直距离。跳前先向地面扔一些棉被、枕头、床垫、大衣等柔软的物品，以便"软着陆"。

落地前要双手抱紧头部，身体弯曲，缩成一团，以减少伤害。

（9）借助器材逃生。通常使用的有缓降器、救生袋、网、气垫、软梯、滑竿、滑台、导向绳、救生舷梯等。

（10）在疏散过程中，不要争抢、拥挤，应有秩序地进行疏散，这样才能最大限度地减少伤亡。

9.科学应对家庭火灾

家庭火灾一般是由于疏忽大意造成的，事发突然，让人措手不及，后果严重。

（1）炒菜锅着火时，应迅速盖上锅盖灭火。如没有锅盖，可将切好的蔬菜倒入锅内灭火。切忌用水浇，以防燃烧的油溅出，引燃其他可燃物。

（2）电器起火时，先切断电源，再用湿棉被或湿衣服将火压灭。

（3）家中配备简易防火灭火设备，如家用灭火器、灭火弹、灭火毯等。注意家中安装的防盗网是否会影响火灾逃生和救援人员进入。

（4）火势无法控制时，要立即逃生，千万不要为了抢救财物而重返火场。

（5）为防止家庭火灾，不要在酒后、疲劳或临睡前在床上或沙发上吸烟，不要乱拉、乱接电线。安全使用取暖器、电热炉等器具。电子产品不能长时间过度充电。教育小孩不要玩火。

10. 电动车停放充电安全事项

近年来电动车日益普及，因为电动车充电不慎引发的火灾事故时有发生，有些还造成了严重的人员伤亡。我们在给电动车充电时要注意以下事项：

（1）严禁在建筑内的共用走道、楼梯间、安全出口处等公共区域停放电动车或者为电动车充电。

（2）尽量不在个人住房内停放电动车或为电动车充电。

（3）确需停放和充电的，应当落实隔离、监护等防范措施，防止发生火灾。

（4）经常检查电动车的电路插接点，防止接触不牢引起接触点打火、发热，避免线路老化造成短路，引起火灾。

（5）电动车出现故障时，要选择专业维修人员进行维修，不要擅自拆卸维修。

（6）购买电动车及充电器时，应注意选择正规厂家生产的产品，切莫图便宜而忽略产品质量。

（7）尽量避免在雨天、积水路段行驶，以防止电机进水，短路起火。

（8）充电时一定要远离易燃物品，并将充电器放置在比较容易散热的地方，充电时间不要过长。

11. 汽车失火的应急处置

（1）汽车发动机起火时要迅速停车、熄火，用随车灭火器对准火焰根部灭火。

（2）车厢货物起火时，要根据所载货物特性，将汽车驶离重点要害地区或人员集中场所，迅速报警，说明起火详细地点、所载货物类型和火势大小，并用随车灭火器灭火。火势不可控时，应立即撤离到安全地带，周围群众也应远离现场，以免发生爆炸时受到伤害，待专业消防人员前来处置。

（3）汽车被撞后起火，应立即设法救人，再进行灭火。在扑救时，驾驶员及其他人员应脱去身上穿的化纤衣服；注意保护暴露在外面的皮肤，不要张嘴呼吸或高声呐喊，以免烟火灼伤上呼吸道。当汽车着火危及周围房屋、电线电缆以及易燃物品时，应隔离火场。

（4）如乘坐的公共汽车失火，要立即通知驾驶员开启所有车门，乘客有序下车。同时，迅速用随车灭火器灭火。若车门打不开或火焰封住了车门，应立即用车上逃生锤打碎玻璃，从车窗逃生。

12. 正确使用和存放灭火器

在居住地和车辆上配备必要的灭火器。使用时要靠近起火点，拔下保险销，将喷嘴对准火焰根部，按下压把，灭火剂喷出即可灭火（灭液体火，灭火剂不能直接喷射可燃液体中心）。灭火器应放在清洁干燥的地方，严禁暴晒和靠近火源；灭火器应定期检查压力表，当压力表指针低于绿线区时，应立即充压维修或更换，灭火器应妥善保管，严禁拆动。

13. 正确应对拥挤踩踏事故

公共场所大部分是空间有限而人群又相对集中的场所，如商场、体育馆、电影院等，一旦出现混乱，极易发生拥挤踩踏事故。

（1）进入公共场所，要提前观察好离自己最近的安全疏散通道、应急出口的位置。

（2）发生拥挤或紧急情况时，应保持镇静，注意收听广播或现场工作人员引导，尽快从安全出口有序撤离，切勿争先恐后、逆人流前进或抄近路。

（3）个人应听从安排，在组织者的疏导下有序撤离。要做到互相谦让，特别是让老人、妇女、儿童首先撤离到安全的地方。

（4）人群发生拥挤时，如果眼镜、手机、鞋子等物品被挤掉，切勿低头寻找，防止倒地被人群踩踏。

（5）发生拥挤又无法脱身时，要用双手抱住胸口，以免窒息或内脏器官被挤压受伤，最好靠边走，以便减小人群对你的压力。但如果靠边的是护栏、围墙、河流等，则要格外小心，防止护栏、围墙倾倒或自己被挤下河流。

（6）在人群中跌倒，应立即收缩身体，紧抱头，最大限度地减少伤害。

14. 饮食卫生安全注意事项

健康的身体是每位进城务工者的本钱，如果经常生病，不仅耽误工作，而且还要增加额外的开支。有些疾病是可以预防的，因此，只要多了解一些公共卫生知识，做到及早预防，就能减少疾病，同时也减少花费。常言道：病从口入。许多人患病是因为吃了不洁食物，或者饮食不当造成机体失调。所以在购买食品时，要尽量购买新鲜、干净、有包装的食品，要注意生产日期和有效期。外出吃东西时，要尽量选择卫生条件较好的饮食店。朋友、老乡或同事聚餐，切忌酗酒和暴饮暴食，以免造成严重的肠胃疾病，更应避免醉酒滋事，乐极生悲。集体宿舍要注意个人卫生，预防传染病。

结束语

安全，是父母的寄托，是爱人的企盼，是儿女的心愿，是朋友的祝福，是家庭幸福的保障。让我们从现在做起，从自身做起，克服麻痹侥幸心理，认真学习安全知识，遵守安全规章制度，提高安全防范意识，远离安全事故风险。珍惜自己的生命，也珍爱别人的生命，把安全掌握在自己的手中，做到"时时处处讲安全，人人事事保平安"。